PETIT TRAITÉ

DE

PHYSIQUE ET CHIMIE

J. LEFORT, IMPRIMEUR-ÉDITEUR

A. TAFFIN-LEFORT, Succ

PARIS | LILLE

rue des Saints-Pères, 30. | rue Charles de Muyssart, 24

PETIT TRAITÉ

DE

PHYSIQUE ET CHIMIE

PETIT TRAITÉ

DE

PHYSIQUE ET CHIMIE

Dieu soit loué dans ses œuvres.

J. LEFORT, IMPRIMEUR-ÉDITEUR

A. TAFFIN-LEFORT, Succ.

PARIS	LILLE
rue des Saints-Pères, 30.	rue Charles de Muyssart, 24.

Tous droits réservés.

PETIT TRAITÉ

DE

PHYSIQUE ET CHIMIE

PHYSIQUE

Les sciences physiques s'occupent de l'étude des *phénomènes* ou faits que l'on observe dans la nature. La cosmographie nous a fait admirer les splendeurs de l'univers et les manifestations de la puissance divine ; l'histoire naturelle, sa fécondité et la bonté providentielle ; la science y ajoutera quelques explications. « Plus on entre dans les secrets de la nature, dit Bossuet, plus on les trouve pleins de proportions cachées qui font tout aller par ordre, et sont la marque certaine d'un ouvrage bien entendu et d'un artifice profond. » Essayons donc de considérer quelques-unes des lois d'après lesquelles ce bel ordre existe. Il se passe quantité de faits dont il est bien de se rendre compte. Une providence sage et bonne met à notre disposition mille choses utiles à connaître. Nous devons les étudier, puisque Dieu nous a imposé le travail comme condition de ses bienfaits. Autant la science vaine et inutile est dangereuse, autant est bonne et désirable celle qui vient à notre aide dans les difficultés de la vie et nous porte à louer l'auteur de tout bien. Celui qui, en apprenant, contemple la source de toute science, au lieu de se complaire dans son intelligence toujours si bornée, reconnaît, par le peu qu'il sait, combien plus il ignore ; et il est plus porté à s'humilier qu'à s'enorgueillir.

La physique nomme *corps* toutes les substances que nous voyons ou que nous sentons : la terre, l'eau, le fer, le bois, l'air et les gaz sont des corps. On suppose que tous sont formés d'une matière unique, composée *d'atomes* ou de parties infiniment petites. Ces parties se groupent entre elles de diverses manières pour former les premiers éléments des corps qui sont les *molécules* ayant des propriétés diverses ; celles du fer par exemple diffèrent de celles du soufre, et ainsi dans tous les corps. Les molécules sont aussi tellement petites qu'elles échappent à nos sens. Un illustre savant, pour en donner l'idée, dit que si une lunette était assez puissante pour grossir une goutte d'eau, au point qu'elle paraîtrait avoir le volume de la terre, les molécules de cette goutte d'eau auraient à peine la grosseur des grains de sable. Deux forces y sont constamment en action : l'une tend à les rapprocher les unes des autres, c'est l'attraction ; l'autre tend à les écarter, c'est la chaleur, dont la force d'expansion augmente ainsi le volume du corps.

Propriétés générales des corps.

L'*étendue* est la propriété qu'ont les corps d'occuper une portion de l'espace en longueur, en largeur et en hauteur, trois dimensions qui en donnent le volume.

La *divisibilité* est la propriété qu'ont les corps d'être divisibles en parties distinctes. Ainsi 5 centigrammes de musc répandent, sans diminution appréciable, pendant plusieurs années, des particules odorantes ou microbes, dans un appartement. Une seule goutte de sang suspendue à la pointe d'une aiguille (1 millimètre environ) contient plus d'un *million* de petits globules rouges. Une goutte d'eau peut contenir des milliers d'êtres vivants et organisés ; les plus forts microscopes ne permettent pas de saisir la limite où s'arrête l'existence de ces infiniment petits. La matière des comètes offre une division encore plus étonnante, et pour tout dire en quelques mots, des milliards de milliards de rayons lumineux peuvent passer, sans se troubler, par le trou d'une aiguille. Cependant physiquement la divisibilité n'est pas infinie et s'arrête où s'arrête l'atome. Dieu seul est infini, la matière a des limites.

La *porosité* est la propriété qu'ont les corps de laisser entre leurs molécules des espaces libres appelés pores qui peuvent être occupés par d'autres corps : ainsi l'eau prend place entre les pores de l'éponge, du bois, de la craie, du sucre, du vin, etc. C'est par les pores du verre que les liquides d'ammoniaque s'évaporent ; c'est par les pores de leur coquille que les œufs se vident. La porosité est utilisée dans les filtres en papier, en pierre, en charbon, dans les coins de bois mouillés destinés à fendre les pierres, dans les cordages que l'on raccourcit par l'humidité. C'est par la porosité que l'eau et l'huile pénètrent dans la plupart des corps ; c'est par les pores de la peau que se fait la transpiration.

La *compressibilité* est la propriété qu'ont les corps de pouvoir être réduits à un volume moindre. Les corps les plus compressibles sont les gaz. Les liquides le sont très peu. En cherchant à comprimer une boule d'or remplie d'eau, on a vu l'eau suinter à travers la boule. Ce qui prouvait à la fois la porosité de l'or et la non compressibilité de l'eau. Les solides le sont plus ou moins : les grosses pierres des grands édifices le sont ; c'est par compression que l'on

sculpte le bois, que l'on obtient les figures et les
lettres sur les médailles et les monnaies, sur les papiers et les cuirs gaufrés, etc. C'est encore au moyen
de l'air comprimé que l'on a percé le Mont Cenis.

L'*élasticité* est la propriété qu'ont les corps de
reprendre leur première forme, dès que cesse la
cause qui la leur avait fait perdre. Tous les gaz sont
élastiques en proportion de la quantité de chaleur
qu'ils contiennent; et ils le sont beaucoup plus que les
liquides. L'air contenu dans une balle de caoutchouc,
les baleines, les lames d'acier sont très élastiques.
Une bille d'ivoire tombant sur une table de marbre ne
remonte qu'en vertu de son élasticité. Le pistolet en
bois de sureau démontre la compressibilité et l'élasticité de l'air. La vapeur d'eau démontre la sienne en
soulevant l'air pour s'élever dans l'atmosphère.

On dit aussi que les corps sont *impénétrables*, c'est-
à-dire que là où sont les molécules d'un corps,
d'autres molécules ne peuvent exister; dans l'eau
rougie, les molécules du vin se mettent entre celles
de l'eau et non à leur place; dans l'éponge mouillée,
l'eau n'occupe que les vides.

La *mobilité* est la propriété qu'ont les corps de
pouvoir être mis en mouvement. Dans la nature, il
n'y a pas de repos absolu; tout est en mouvement.
L'homme qui dort suit la terre dans ses mouvements;
celui qui, en chemin de fer, passe d'un côté du
wagon à l'autre, fait à la fois au moins cinq mouvements : 1° il change de place; 2° il se meut avec
le train qui l'emporte; 3° il tourne autour de la
terre; 4° il tourne autour du soleil; 5° il le suit dans
son mouvement autour d'un centre inconnu ; et Dieu
sait si ce centre inconnu ne tourne pas autour d'un
autre, qui tourne également, sans que nous sachions
où s'arrête cette manifestation de la toute-puis-
sance. D'ailleurs rien n'est en repos dans la nature.

A la surface de la terre, les minéraux deviennent
poussière, les végétaux se transforment sans cesse
et la vie animale avance avec les minutes.

L'*inertie* est la propriété qu'ont les corps de per-
sister dans l'état où ils se trouvent jusqu'à ce qu'une
cause quelconque vienne changer cet état. Ainsi les
corps célestes persistent dans la route qui leur a été
tracée dès l'origine ; une pierre lancée dans l'espace, un train de chemin de fer tendent à suivre la
direction qu'on leur a imprimée. Si un cheval lancé
au galop s'abat, le cavalier est emporté en avant et
tombe plus loin ; le voyageur qui descend d'un train
en marche est poussé dans la direction du train ; si
deux locomotives se rencontrent, les wagons, continuant leur mouvement, sont jetés les uns sur les
autres ; un volant de machine à vapeur tourne longtemps après que la vapeur n'agit plus, etc. La pesanteur détruit l'inertie.

ATTRACTION UNIVERSELLE

L'*attraction* est une force de la nature, en vertu
de laquelle les corps s'attirent réciproquement, et
en raison de leur masse ; de sorte que les plus gros
attirent les plus petits, plus fortement qu'ils ne sont
attirés eux-mêmes par ces derniers, en raison inverse
du carré des distances.

On l'appelle *gravitation*, quand elle s'exerce entre
les corps célestes : c'est la gravitation qui relient les
planètes autour du soleil, la lune autour de la terre.

On l'appelle *pesanteur*, quand elle s'applique aux
corps qui environnent la terre ; une pierre lancée en
l'air redescend sur la terre parce qu'elle y est attirée
par la pesanteur ; deux hommes aux antipodes sont
maintenus en position stable par la pesanteur, bien
qu'il semble que l'un des deux ait la tête en bas.

L'intensité de la pesanteur va en augmentant de l'équateur au pôle parce que la face centrifuge diminue. Elle serait nulle à l'équateur si la terre tournait dix-sept fois plus vite.

On l'appelle *attraction moléculaire*, quand on parle de la force qui lie entre elles les molécules d'un même corps : c'est par attraction moléculaire, par cohésion, que des gouttes d'eau répandues sur une surface se rapprochent pour former de plus grosses gouttes, que les bois, les métaux offrent tant de résistance à la rupture, que les gouttes d'eau de rosée, de plomb fondu sont rondes et en boules.

Gravitation.

La pierre d'une fronde est lancée au loin par l'effet de la *force centrifuge*. Cette force, qui diminue la pesanteur, est engendrée par le mouvement curviligne qui lancerait en l'air les habitants de l'équateur si la terre tournait plus vite ; c'est la même force qui nous fait éclabousser par les roues des voitures, par une toupie tournant dans l'eau ; elle arrache et projette au loin en éclats les meules, poulies, volants, mus par un mouvement trop rapide, pousse les chevaux des cirques hors de l'enceinte, porte le cerveau de côté et cause des maux de tête dans l'exercice des chevaux de bois et provoque une foule d'accident. En voici un exemple : Humbert II, jouant avec son fils âgé de cinq ans sur les bords du Rhône, faisait semblant de le jeter dans l'eau ; tout à coup l'enfant disparaît : un élan plus fort l'avait lancé dans le fleuve. C'est encore par un mouvement de ce genre que le Dauphin fut un jour précipité d'une fenêtre. C'est par la force centrifuge que la terre s'est renflée vers l'équateur, c'est elle qui lance la terre dans l'espace, (fig. 1 *c. f.*) comme la pierre de la fronde, et la porterait loin du soleil si celui-ci ne l'attirait vers sa masse par la *force centripète (c. p.)*. Ces deux forces concourent à un résultat unique : tandis que l'une, en poussant la terre au loin, l'empêche de tomber sur le soleil qui l'attire ; l'autre, la retenant, l'empêche d'aller se perdre dans les espaces célestes. De leurs deux mouvements combinés en résulte un troisième selon une diagonale qui, en se reproduisant sans cesse, forme l'ellipse appelée l'orbite de la terre.

La force centrifuge est proportionnelle au carré de la vitesse ; c'est-à-dire, si la vitesse devient 2, 3 fois plus grande, la force centrifuge devient 4, 9 fois plus intense.

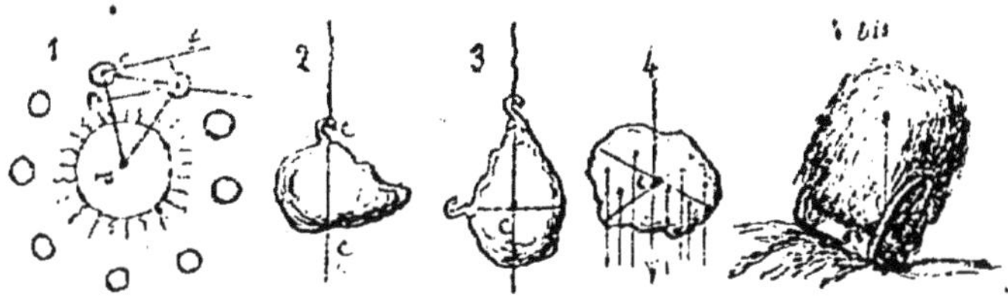

Remarquons que la pierre lancée par la fronde qui donne le mouvement, ne suit pas longtemps la ligne droite et tombe bientôt sur la terre : de même l'attraction du soleil, c'est-à-dire la force centripète, anéantirait la force centrifuge si cette force n'était entretenue par l'action providentielle qui agit là comme dans toute la nature, entretenant, conservant ou renouvelant toutes choses.

L'attraction s'exerce en raison de la somme des molécules, elle s'exerce aussi en raison inverse des distances, de même que la chaleur d'un poêle se fait sentir, selon qu'on s'en approche ou qu'on s'en éloigne.

Quand par exemple la lune se trouve entre la terre et le soleil, pourquoi n'est-elle pas attirée plus fortement vers celui-ci ? Parce qu'elle en est beaucoup plus éloignée que de la terre et que l'attraction puissante du soleil est diminuée en raison de sa grande distance. Cette loi s'énonce ainsi : *L'attraction s'exerce en raison inverse du carré des distances et proportionnellement à la masse :* c'est-à-dire qu'à 2, 3, 4, 5, 6 mètres plus loin, elle est 4, 9, 16, 25, 36 fois plus faible.

Il peut arriver, par exemple, que des astéroïdes, tournant autour du soleil, mais se trouvant à certaines époques très près de la terre, y soient attirées, s'enflamment en traversant notre atmosphère et nous donnent le spectacle curieux d'étoiles filantes. Deux fois par jour, par le fait de l'attraction du soleil et de la lune vers la terre, l'Océan élève ses eaux, les porte pendant 6 heures vers le rivage et les en retire pendant 6 autres heures. Les eaux, à cause de leur fluidité, cèdent à cette attraction, et il en résulte les *marées*, dont une autre cause se trouve aussi dans le mouvement de rotation de la terre.

Pesanteur.

Tous les corps sont attirés vers le centre de la terre, en raison inverse du carré des distances, proportionnellement à leur masse (le corps qui pèse 2 kilog. est attiré deux fois plus fort que celui qui n'en pèse qu'un) et selon la direction du fil à plomb. Cependant il est bon de remarquer qu'un corps qui tombe de très haut semble sortir de sa verticale et dévier vers l'est.

La pesanteur est une force constante; l'accélération est due à la continuité d'action, à l'inertie et non au rapprochement du globe.

La pesanteur se mesure par la vitesse d'un corps qui tombe librement; le poids se mesure par l'effort qu'il faut faire pour l'empêcher de tomber.

Les corps les plus lourds sont ceux dont les molé—

cules sont le plus serrées les unes contre les autres ; ainsi une balle de plomb pèse plus qu'une balle de liège de même volume.

Chute des corps. — Les lois de la chute des corps ne sont vraies que dans le vide et pour des hauteurs peu considérables ; elles varient du pôle à l'équateur où elles sont presque nulles en raison de la force centrifuge.

Un kilo de plomb et un kilo de laine, abandonnés du haut d'une tour, ne tombent pas avec la même vitesse, parce que l'air oppose plus de résistance à la balle de laine qu'au morceau de plomb. Il est heureux que l'air fasse ainsi obstacle car la grêle et la pluie nous tueraient d'un coup. Mais dans un tube duquel on a soutiré l'air, un grain de plomb et une plume tombent également vite.

Lois de la chute des corps. — Ces lois ont été recherchées et découvertes par Galilée, à la fin du XVIe siècle. On peut les énoncer de la manière suivante :

1re LOI. — *Tous les corps tombent avec une égale vitesse dans le vide.*

2e LOI. — **Loi des espaces.** — *Les espaces croissent proportionnellement aux carrés des temps employés à les parcourir depuis l'origine.*

3e LOI. — **Loi des vitesses.** — *Les vitesses acquises croissent proportionnellement aux temps écoulés depuis le commencement de la chute ;* c'est-à-dire, depuis le mouvement de son départ.

La masse m est arrêtée après une seconde de chute ; la masse m, ainsi soustraite à l'action de la pesanteur, se meut en vertu de la vitesse acquise (inertie) et parcourt d'un mouvement uniforme, pendant la seconde suivante, *un espace double* de celui qu'elle avait parcouru dans la première. Si on recommence en arrêtant m après deux secondes on verra que la vitesse est double de la précédente ;

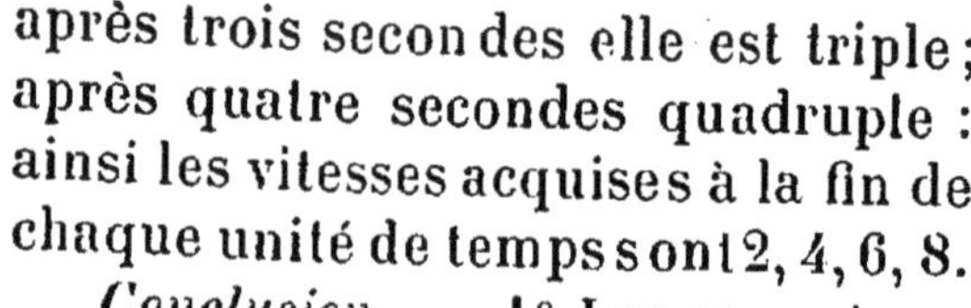

après trois secondes elle est triple ;
après quatre secondes quadruple :
ainsi les vitesses acquises à la fin de
chaque unité de temps sont 2, 4, 6, 8.

Conclusion. — 1° Les corps tombent avec une vitesse accélérée ; 2° Les espaces parcourus croissent proportionnellement aux carrés des temps ; 3° les vitesses acquises sont proportionnelles au temps pendant

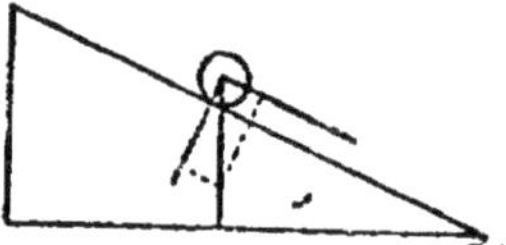

Plan incliné de Galilée.

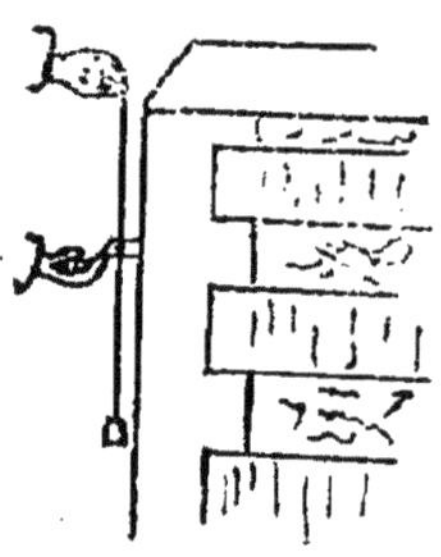

Usage du fil à plomb.

lequel le corps est tombé. D'où il résulte que le choc d'un corps est d'autant plus violent qu'il tombe de plus haut : une balle de plomb tombant d'un ballon s'enfoncerait profondément en terre ; et pour la même raison le balancier d'une pendule oscillerait plus vite au pôle qu'à l'équateur.

Machine d'Atwood.

Équilibre des solides. — Centre de gravité.

Un corps est un *équilibre stable* (fig. 3 et 5), quand la verticale passant par son centre de gravité passe aussi par le point qui lui sert de support : le centre de gravité d'une personne debout est dans la verticale qui passe entre ses pieds. Il est en *équilibre instable* (fig. 6 et 10), si cette verticale tend à s'en écarter : l'homme qui se tient sur un pied, et le danseur de corde doivent sans cesse ramener leur centre de gravité au-dessus de ce pied en étendant soit les bras soit un balancier. Un bâton porté par son bout sur le doigt est en équilibre instable : le doigt qui le porte cherche sans cesse à se placer dans la verticale partant du centre de gravité. C'est ce que font aussi le portefaix qui se courbe sous sa charge, l'homme obligé d'élever un fardeau d'une seule main. On s'explique ainsi la différence d'équilibre qui existe entre une charge de foin et une charge de fer sur une voiture, sur un bateau, entre un œuf sur son côté ou sur son bout. Le cheval lancé dans un cirque reporte vers l'intérieur son centre de gravité pour l'opposer à la force centrifuge qui le pousse hors de l'enceinte.

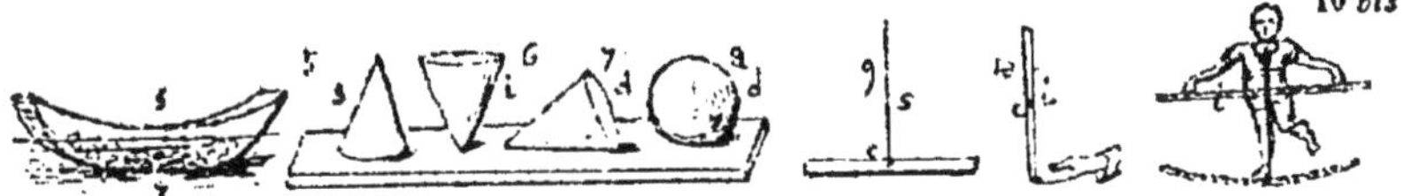

On détermine le *centre de gravité* d'un corps en le suspendant successivement par deux de ses points (fig. 2 et 3, 4 et 9), il se trouve à l'intersection des verticales. Toutefois, il est bon de remarquer que les verticales des différents lieux ne sont pas des droites parallèles, parce que la terre n'est point une surface plane, mais une surface connexe.

Leviers. — Les leviers sont des machines simples à l'aide desquelles on agit contre les difficultés que la pesanteur ou d'autres forces opposent aux effets que l'on veut produire : ainsi l'ouvrier qui ne pourrait soulever avec la main un lourd bloc de pierre, y applique le bout d'une barre de fer, et se servant d'un appui, il presse sur l'autre extrémité.

Dans les leviers du 1er genre, a, point d'appui, est situé entre la résistance r, et la puissance p; il en est de même dans la tête, les oiseaux, les pinces, les manivelles, etc. : $a \, r \, p$.

Dans les leviers du 2e genre, r est entre a et p, comme dans nos pieds, le casse-noix, la brouette, le diamètre des poulies mobiles, etc. : $a \, r \, p$.

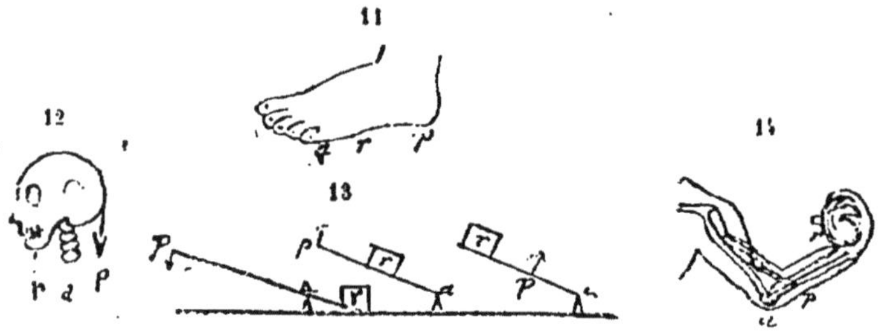

Dans les leviers du 3e genre, p est entre a et r, comme dans nos bras, la pelle, le balai, la faux, les pincettes, la pédale du rémouleur, etc. : $a \, p \, r$.

Les leviers du 1er genre sont les plus avantageux. L'ouvrier, qui soulève un bloc de pierre, met le point d'appui aussi près que possible de la résistance; parce que *l'effet est proportionnel aux longueurs respectives des bras de levier ;* et que, si le bras de levier de la puissance $a \, p$ est 2, 3, 4, 5, 10 fois plus long que celui de la résistance $a \, r$, avec un effort d'un kilogr., on soulèvera 2, 3, 4, 5, 10 kilos.

Au pôle comme à l'équateur 10 kilos font encore 10 kilos sur la *balance*, ou 10 fois le kilog. qui subit le même effet; mais non sur le *peson* qui est un dynamomètre.

Balances. — Les balances sont des applications des leviers. La balance *romaine* (fig. 14) n'est autre chose qu'un levier du 1er genre (*a r p*). Le petit bras du levier va du point de suspension *a* au point de résistance *r* ou objet à peser, l'autre porte le poids, que l'on recule à mesure qu'il est nécessaire que ce poids fasse équilibre à une pesée plus grande, par l'allongement du bras de levier.

Sur la balance-*bascule*, avec un poids d'un kilo, on fait équilibrer à une charge de dix et plus, selon les dimensions respectives des bras de leviers.

La balance ordinaire (fig. 16) est aussi un levier du 1er genre.

Conditions d'une bonne balance. — Une balance est dite *juste* quand 1º les bras et les plateaux sont parfaitement égaux ; quand 2º le point de suspension est un peu au-dessus du centre de gravité et très près de l'axe.

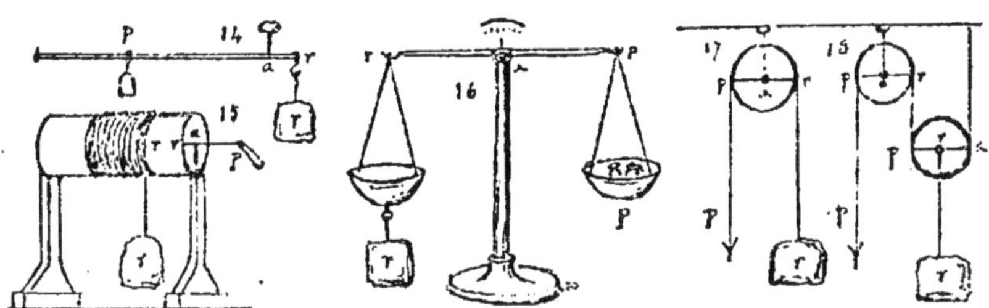

Beaucoup de balances étant défectueuses, on emploie la double pesée de Borda quand on veut un résultat exact.

On fait d'abord équilibre à l'objet pesé en mettant de la grenaille dans le plateau opposé, puis on fait équilibre à celui-ci en substituant des poids à l'objet : Deux poids faisant équilibre à un troisième se font nécessairement équilibre entre eux.

Poulies. — La poulie fixe (fig. 17) est un levier du 1er genre. Le point d'appui étant à l'axe de la poulie, le bras de levier de la puissance et celui de la résistance sont égaux, puisqu'ils sont dans les rayons. Une seule poulie n'augmente pas la force, elle n'ajoute qu'à la commodité.

Dans la poulie mobile (fig. 18), la résistance est suspendue à l'axe de la poulie. Le point d'appui est à la corde fixe, et la puissance agit de l'autre côté. Dans ce cas, le bras de levier de la puissance a la longueur d'un diamètre, tandis que celui de la résistance n'a que celle d'un rayon; de sorte qu'avec un effort d'un kilo à la puissance, on obtiendra un effort de deux à la résistance. Autant de poulies mobiles on emploie, autant de fois on double la force. Les assemblages de plusieurs poulies s'appellent *moufles*.

Treuils. — Le treuil est un levier du 1er genre (fig. 15). La puissance est au bout de la manivelle; le point d'appui est sur l'axe; la résistance est au bout du rayon où s'enroule la corde. Les effets, étant dans le même rapport que les bras de levier, sont d'autant plus grands que la manivelle est plus longue et le rayon de cylindre plus petit. Le *cric*, le *cabestan*, la *chèvre*, le *mouton*, la *grue* sont des treuils divers auxquels on ajoute des poulies et des engrenages.

Intermédiaire entre une force et un effet.

Engrenages. — On a vu qu'en employant des bras de levier de longueurs différentes, on obtient des effets inverses aux rapports de ces longueurs et qu'on peut ainsi multiplier les forces. Les rayons des roues d'engrenages étant des leviers, si on combine les mouvements de roues ayant des rayons de longueurs différentes, on pourra de même multiplier les forces. Ainsi une manivelle faisant tourner, comme dans le treuil, avec la force d'un kilo, une petite roue dentée ou pignon, dont le rayon n'est

que le dixième de la longueur de cette manivelle,
produit sur la roue, que pousse ce pignon, une force
de dix kilos, fera produire un effet de cent kilos à
un autre pignon tournant sur son axe, si le rayon de
cette roue est dix fois plus long que celui du pignon.
Et, en continuant, si ce pignon fait tourner une
autre roue, par sa force de cent kilos, celle-ci pro-
duira un effet de mille kilog. sur la roue ou le treuil
qu'elle fera tourner, et ainsi des autres. Les forces
se multipliant selon les rapports des rayons, on voit
avec étonnement deux hommes soulever d'énormes
fardeaux au moyen des engrenages d'une *grue*. Toutefois, il faut remarquer que dans ces curieux résultats l'homme ne crée rien, car *ce que l'on gagne en
force, on le perd en vitesse.* Pour s'en rendre compte,
il suffit de considérer dans le mouvement que fait le
levier du 1er genre, soulevant un bloc, combien peu
se meut la pointe de l'outil, pendant que l'autre
extrémité parcourt un grand arc.

Il faut remarquer aussi que le frottement, la résistance de l'air, la pesanteur diminuent la hauteur
et que le levier monte plus haut quand on l'incline.

Équilibre des liquides.

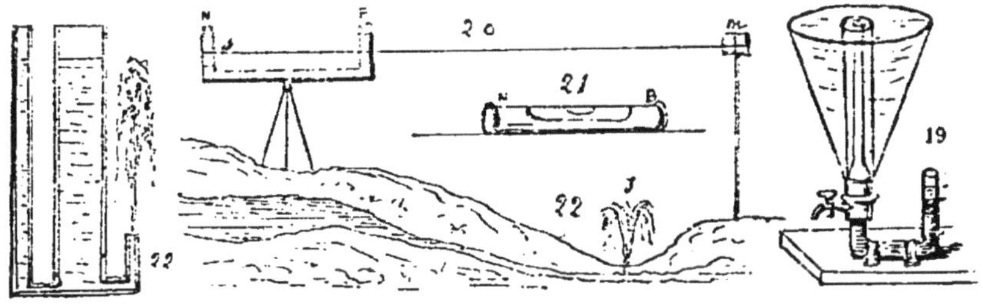

Vases communiquants. — Les liquides sont
des fluides dont les molécules roulent les unes sur
les autres. Leur fluidité n'est cependant pas par-

faite : il existe toujours entre leurs molécules assez d'adhérence pour former des sphères (plomb, mercure, pluie).

Quand on verse de l'eau sur un point d'un bassin, l'eau ajoutée se mêle aussitôt à l'autre, et la surface du liquide redevient horizontale. La même chose a lieu dans les vases communiquants ; tels que les fioles d'un niveau d'eau à bulle d'air (fig. 20 et 21).

Dans tous les puits d'une même localité, l'eau arrive au même niveau par le fait des communications qui ont lieu à travers le sol ; les eaux de la mer sont tenues en équilibre par l'attraction centrale qui s'exerce sur leurs molécules.

Puits artésiens. — L'eau de pluie pénètre dans le sol, s'y ouvre des passages, s'y établit des réservoirs, qui suivent la pente des terrains. Quand ces réservoirs descendent à de grandes profondeurs dans le sol, si on creuse un puits à travers leur nappe, l'eau jaillit pour se mettre au niveau des points les plus élevés du réservoir (fig. 22).

Les eaux qui alimentent les puits artésiens viennent souvent d'une distance de vingt à trente lieues. Quant à la profondeur elle varie selon les localités.

Paris possède trois puits qui sont des exemples remarquables de puits artésiens. Le premier, celui de Grenelle à 548 mètres de profondeur ; le deuxième, celui de Passy à 570 mètres ; le troisième, le puits Hébert, cherche l'eau à 719 mètres. Il a coûté 2.500.000 francs. Son diamètre, 1 mètre 06, est double de celui de Passy.

La pression exercée par un liquide sur le fond d'un vase ne dépend ni de la forme de ce vase, ni de la quantité de liquide qu'il contient, mais uniquement de la hauteur du niveau de ce liquide au-dessus du fond. On le démontre au moyen de l'appareil de Haldat, en faisant reposer successivement sur le mercure d'un tube recourbé, l'eau contenue dans des vases de forme et de capacité différentes. Que le vase soit évasé en entonnoir ou ne soit qu'un simple tube, qu'il contienne dix litres d'eau ou un seul, si la hauteur du niveau de l'eau est la même, le mercure pressé de ce côté s'élève à chaque fois au même point de l'autre côté (fig. 19).

La pression exercée par un liquide sur le fond d'un vase peut donc être plus grande ou plus petite que son poids réel. C'est ce fait étonnant qu'on appelle *paradoxe hydrostatique*. On en donne un exemple frappant en versant de l'eau dans un long tube s'élevant au-dessus d'un tonneau plein d'eau. Si étroit que soit le tube, la charge est telle que le tonneau se disloque absolument comme s'il avait à supporter le poids d'une colonne d'eau d'un diamètre pareil au sien.

Principe de Pascal. — *Toute pression exercée sur un liquide se transmet dans tous les sens avec la même intensité et proportionnellement aux surfaces* (fig. 23). Quand on frappe sur le bouchon d'une bouteille pleine, le coup porté en un point se fait sentir partout où arrive le liquide, et la bouteille éclate parce que les liquides sont très peu compressibles. Deux vases semblables étant pleins d'eau et en communication, si on met un poids quelconque sur l'un *a*, il faut aussitôt pour maintenir l'équilibre mettre un poids égal sur l'autre ; s'il y en a deux, il faut deux poids, *b* et *c* ; y eut-il dix autres vases qu'on devrait mettre dix poids égaux se faisant équilibre entre eux, et l'on conçoit que toute pression exercée sur l'un d'eux se fera sentir avec la même intensité à tous les autres en sens contraire et proportionnellement à leur nombre.

Presse hydraulique. — La presse hydraulique est formée de deux vases communiquants (fig. 24) : l'un est un petit corps de pompe dans lequel l'eau étant refoulée par un piston p, s'en va dans un grand corps de pompe, dont elle soulève le piston P, assez puissamment pour que le plateau, posé sur ce gros piston, serve à presser contre le plafond du bâtis, des graines, des pulpes, pour en extraire l'huile ou le jus, etc. On y presse également des draps, des

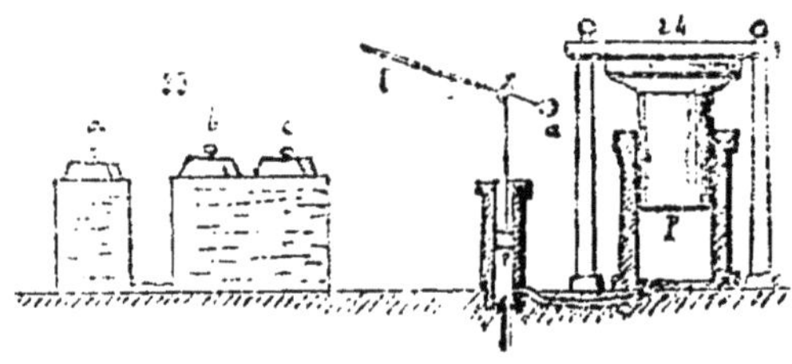

ballots, etc. D'après ce qui précède, si le gros piston a une base cent fois ou mille fois plus grande que celle du piston qui foule l'eau, avec une force d'un kilo sur ce piston, on produit un effet de cent ou de mille kilos sous le gros piston, c'est-à-dire sous la presse. Mais là aussi ce que l'on gagne en force on le perd en vitesse ; car si la pression exercée en un point se répète mille fois, le gros piston se meut mille fois moins vite que le petit. Le résultat n'en est pas moins fort remarquable.

Principe d'Archimède. — Quand on plonge dans l'eau un morceau de cire ou de bois de chêne, il y baigne et ne s'enfonce pas comme ferait un morceau de fer ; il a perdu son poids ; c'est-à-dire que l'eau qui le soutient lui fait équilibre comme à pareil volume d'eau ; en d'autres termes, le morceau de chêne pèse ce que pesait le volume d'eau dont il tient la place. Un morceau de bois blanc moitié plus léger ne baignerait que moitié de son volume; le liège qu'un quart pour la même raison. Chacun ne pèse pas plus que la quantité d'eau qu'il déplace. Un baigneur qui rapporte un lourd fardeau diminue sa charge s'il la maintient baignée dans l'eau, car cette charge est diminuée du poids de l'eau que le corps déplace : si c'est un cadavre, la charge est nulle, car le corps humain, comme celui des animaux, malgré sa charpente osseuse est plus léger, à volume égal, que l'eau : 1° quand il est chaud; 2° quand il est enflé. Archimède qui a découvert ce fait, l'a formulé ainsi : *Tout corps, plongé dans un liquide, perd de son poids une quantité égale au poids du liquide déplacé.* L'eau soutient ce corps comme elle soutenait le volume d'eau dont il a pris la place. La résistance que l'eau oppose aux corps qui plonge s'appelle *poussée.* C'est cette poussée qui soutient les navires et tous les corps flottants, en faisant équilibre à leur poids, et en opposant au centre de gravité un centre de poussée ou plutôt de résistance.

L'homme nage moins facilement que les animaux, parce qu'il est obligé pour respirer, de tenir la tête hors de l'eau, et qu'ainsi il déplace un volume d'eau moindre que celui de tout son corps. Les poissons portent en eux une vessie natatoire pleine d'air qu'ils dilatent ou compriment à volonté pour s'enfoncer ou s'élever dans les couches, où l'eau leur oppose plus ou moins de résistance. Il en est qui vivent à de très grandes profondeurs, sans être écrasés par la pression de l'eau, parce que les liquides et le sang qu'ils portent en eux font équilibre à cette pression.

Pour démontrer le principe d'Archimède, on se sert de la balance hydrostatique (fig. 25). Sous l'un des plateaux de cette balance on suspend un cylindre creux *v* pouvant contenir très exactement un cylindre

plein en cuivre *e* suspendu au-dessous. On équilibre
le tout par des poids P. Si on remplit d'eau un vase
placé sous le cylindre de cuivre, ce cylindre perd de
sa pesanteur une quantité égale au poids de l'eau
dont il tient la place, et le tout remonte. On rétablit
l'équilibre en remplissant d'eau le cylindre creux, et
l'on voit ainsi que ce volume, égal au volume du
cylindre plein, pèse bien ce que celui-ci avait perdu

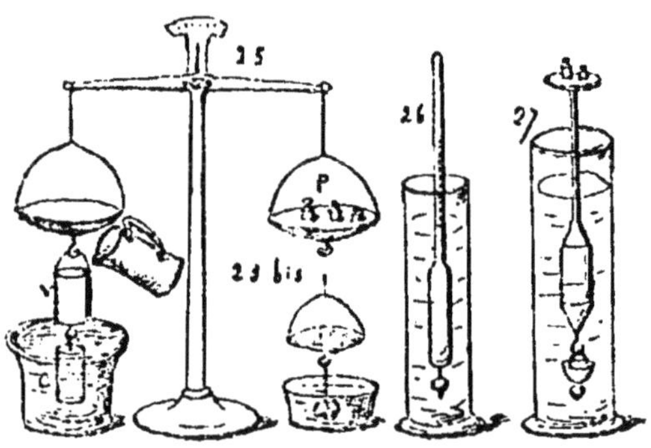

en plongeant. Plus simplement, sous l'un des plateaux de cette balance, on accroche un corps et on
le pèse ; puis on place au-dessous un vase plein d'eau
où l'on fait plonger ce corps et on le pèse de nouveau. On trouve 1º que ce corps étant plongé a perdu
de son poids, et si l'on pèse séparément l'eau que le
corps a fait sortir du vase pour y prendre sa place,
on trouve 2º que le poids de cette eau est égal à
celui que le corps avait perdu.

Poids spécifique ou densité relative des corps.

Le *poids spécifique* d'un corps, c'est son poids composé à celui de pareil volume d'eau pure, prise à son
maximum de densité, 4 degrés au-dessous de 0. Ainsi
le poids spécifique de l'argent est 10, c'est-à-dire que,

à volume égal, l'argent pèse dix fois plus que l'eau. On dit dans le même sens, la *densité* de l'argent est dix, c'est-à-dire que ses molécules sont dix fois plus serrées que celles de l'eau. Voici en chiffres ronds quelques densités :

le platine . 2?	le cuivre.. 8	la houille 1.3	l'huile.... 0.92
l'or....... 19	le zinc.... 7	le lait........ 1.03	le peuplier. 0.50
le mercure. 13.5	le cristal.. 3	la cire, le chêne. 1	le liège... 0 25
le plomb.. 11	le verre... 2	le vin 0.99	l'orme.... 0.80

Pour déterminer le poids spécifique d'un liquide, on le pèse dans un verre, puis on le remplace par de l'eau pure et on compare les deux poids; la division de l'un par l'autre donne le rapport cherché. Ainsi pour trouver la densité de l'huile on pèse et l'on trouve, soit 230 grammes. Même quantité d'eau pèse 250 grammes. On a donc à volume égal : l'huile est à l'eau comme 230 est à 250 ; ou 230 : 250 = 0.92. S'il s'agit d'un solide, on le pèse d'abord, puis on le suspend au plateau de la balance en le baignant dans un vase plein d'eau ; la perte de poids constatée sur le plateau de la balance (fig. 25 *bis*) est le poids de pareil volume d'eau, et on trouve le rapport de densité en divisant un nombre par l'autre. Ainsi un morceau d'or pesé hors de l'eau pèse 57 grammes ; plongé dans l'eau, il ne pèse que 0,54 grammes, le volume d'eau déplacé par ce corps pèse donc 3 grammes. D'où le rapport suivant : l'or est à l'eau comme 57 est à 3 ou 57 : 3 = 19.

Application. — 1° Trouver le volume d'un corps, connaissant son poids.

Exemple : Un corps pèse 1.000 grammes ; dans l'eau il pèse 750 grammes : le poids de l'eau qu'il déplace est donc 250 grammes. Or en volume ces 250 sont 250 centimètres cubes. Dans une éprouvette graduée par centimètres cubes, l'eau s'élevant à la 12e division, si on y plonge un corps qui fasse monter l'eau à la 17ᵉ, on verra que le volume du corps plongé est de 5 centimètres cubes.

2° Trouver le poids d'un corps dont on connaît le volume.

EXEMPLE : Un bloc de pierre contient 8 mètres cubes. A l'aide d'un fragment de cette pierre, sa densité ayant été déterminée et étant 7, il suffit de dire : 8 mètres cubes d'eau pesant 8.000 kilos ; la pierre pèse 7 fois plus ou 56.000 kilos.

Aréomètres ou pèse-liqueurs. — Les aréomètres servent à apprécier ou mesurer la densité relative des liquides. Quand on plonge dans l'eau un tube de verre ou de mince métal fermé, il s'y enfonce et y flotte dans une position verticale, si l'on y a suspendu un petit poids.

C'est l'aréomètre de Beaumé (fig. 26), *à volume variable et à poids constant.*

Le même tube, étant plongé dans l'huile, dans l'alcool, s'y enfonce davantage, parce que ces liquides, étant moins denses que l'eau, lui opposent moins de résistance, moins de poussée. Le contraire aura lieu si on le plonge dans l'eau salée, dans l'eau sucrée, dans les sirops, dans le lait, qui sont plus denses que l'eau pure. Il suffit donc de marquer sur l'instrument le point d'affleurement de chacun de ces liquides pour les reconnaître en toute occasion à l'aide de l'aréomètre. On en construit qui sont appelés *pèse-sels* pour constater la densité des eaux tenant des sels en dissolution ; d'autres qui sont appelés *pèse-liqueurs, alcoomètres*, pour reconnaître le plus ou moins d'eau que contiennent les alcools. Le *lacto-mètre ou pèse-lait* indique la densité du lait et non sa qualité.

Le lait pur pèse 1.03, le lait écrémé 1.035. Celui-ci est plus lourd parce qu'il est moins gras. On diminue

sa densité en ajoutant de l'eau, et l'instrument redescend à la marque du bon lait, alors même que le
lait est devenu plus mauvais. Si même la fraude va
plus loin et rend la densité trop faible par suite d'un
excès d'eau, le marchand malhonnête rend au liquide
la densité normale, en ajoutant au mélange trop pâle
des eaux diversement blanchies. Cependant on peut
reconnaitre la bonne qualité du lait à l'épaisseur de
la crème.

L'aréomètre-balance sert à déterminer la densité des
solides (fig. 27).

C'est à tort que cet appareil est attribué à Nichol-
son. Il est dû au physicien français Charles, qui
l'appliquait à la détermination du poids spécifique
des corps, sous le nom *d'aréomètre-balance, à volume
constant et à poids variable.*

L'aréomètre de Fahrenheit sert à déterminer la densité des liquides. Il est comme l'aréomètre-balance,
à volume constant et à poids variable.

Propriété et équilibre des gaz. — Pression atmosphérique. — Capillarité.

Les gaz sont des corps dont les molécules sont
dans un état de mobilité parfaite et de répulsion
constante ou de tension qui les rend très élastiques;
on les nomme pour cette raison fluides élastiques.
Pourquoi, en vertu de cette élasticité illimitée, les
gaz qui composent l'atmosphère ne se répandent-ils
pas dans les espaces planétaires? Parce que l'attraction qui les attire vers la terre fait équilibre à cette
expansion, comme cette expansion elle-même empêche l'action de la pesanteur de comprimer l'atmosphère tout entière à la surface de la terre. Cette
force expansive des gaz est proportionnelle à la
quantité de chaleur qu'ils contiennent.

Par le fait de la pesanteur, l'atmosphère presse sur tous les corps qui sont à la surface de la terre et dans tous les sens. On le prouve de plusieurs manières : 1° Dans l'expérience du *crève-vessie* (fig. 28) : après avoir recouvert le dessus d'un verre avec une vessie, on fait le vide dans ce verre par un tube d'aspiration, et on voit la vessie baisser puis se déchirer sous le poids de l'air ; 2° par celle de la vessie aplatie, se renflant dans le vide (fig. 29), de même que les ballons se renflent en entrant dans les régions où l'air est moins dense.

Otto de Guéricke, ayant fait le vide à l'intérieur de deux hémisphères juxtaposés (fig. 30), comme le sont

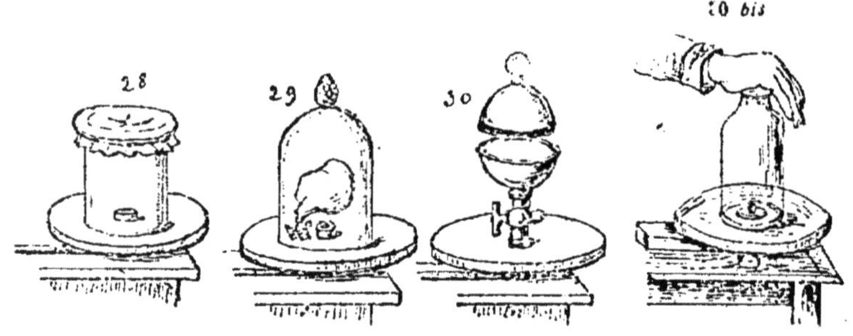

deux coquilles de noix, remarqua qu'on ne pouvait plus les séparer, serrées qu'elles étaient par la pression atmosphérique. Il en fit qui supportaient une telle pression que des chevaux, y étant attelés, ne pouvaient les séparer, alors que cette séparation se fait d'elle-même dès qu'on laisse revenir l'air entre les hémisphères.

L'expérience de la *ventouse atmosphérique* démontre l'effet de la pression de l'atmosphère sur le corps humain : après avoir bouché avec la paume de la main l'extrémité d'un large tube de verre, on fait le vide dans ce tube par un tuyau d'aspiration. Alors, les pressions atmosphériques ne se faisant plus équi-

libres sur les deux faces de la main et l'élasticité des
fluides, que contiennent les organes, n'étant plus
contrebalancée par le poids de l'atmosphère, la
main, fortement pressée sur les bords du verre, se
gonfle et le sang tend à sortir par les pores de la
peau. En prolongeant l'expérience on se ferait une
véritable ventouse (fig. 30 *bis*).

Quand on plonge un verre dans un vase plein d'eau
et qu'on le soulève, le fond tenu en haut, il reste
plein, quoique renversé, tant que ses bords ne sont
pas sortis de l'eau. Ce verre peut être remplacé par
un tube de 11 mètres et l'eau y reste suspendue,
comme dans le verre, jusqu'à une hauteur de 10
mètres 33. L'eau est maintenue en cet état par le fait
de la pression atmosphérique, qui s'exerce à la surface du vase où pose le tube ; et elle n'est maintenue
qu'à 10 mètres 30, parce qu'à cette hauteur, elle est
en équilibre avec le poids de l'atmosphère, c'est-à-
dire qu'elle pèse ce que pèserait une colonne d'air
qui serait à sa place.

Or une colonne d'eau de 10 mètres 33 ou 1.033
centimètres, ayant une base d'un centimètre carré,
contiendrait 1.033 centimètres cubes d'eau et pèserait
1.033 grammes. Le poids de cette colonne d'eau étant
le même que celui d'une colonne d'air de même
base, on voit que l'atmosphère pèse 1.033 grammes
sur chaque surface d'un centimètre carré, et que pour
trouver le poids de l'atmosphère sur une surface
quelconque, il suffira de multiplier par 1 kilo 033.

EXEMPLE : Combien pèse l'atmosphère sur une table
de 4 mètres carrés ? soit 40.000×1 kilo $33 = 41.320$
kilos. Pareille charge n'écrasera point la table, si
faible qu'elle soit, parce que la fluidité de l'air permet à la pression de s'exercer dans tous les sens,
sous la table comme au-dessus. La surface du corps
humain est en moyenne de 1 mètre 5 ou 15.000 cen-

timètres carrés. Si on multiplie 1 kilo 033 par ce nombre, on trouve qu'un homme peut supporter une pression de 15 à 16.000 kilos. Il n'en est point incommodé parce que cette pression s'exerce dans tous les sens et que les fluides de son corps ont une expansion qui y fait équilibre.

Là encore la nature a sagement tout disposé : quand on s'élève en ballon ou au sommet d'une montagne, où la pression est moindre, on souffre : le sang se porte au nez, aux oreilles, aux yeux. Lorsque, par le fait de la température, cette pression est diminuée, on éprouve un malaise et on dit : « Le temps est lourd; » le contraire serait plus vrai.

Le baromètre. — (*baros*, poids). — Une colonne d'eau de 10 mètres 33 est un baromètre puisqu'elle indique *le poids de l'atmosphère*. Mais un tel baromètre est peu maniable. Toricelli s'est servi d'un liquide plus lourd afin d'avoir une colonne moins haute. Le mercure étant 13.59 fois plus lourd que l'eau, pour faire équilibre à l'atmosphère, il suffira d'une colonne 13.59 fois moins haute (fig. 31). En effet, si on divise 10 mètres 33 par 13.59, on trouve que la colonne de mercure ne peut s'élever qu'à 0 mètre 76, qui est la hauteur moyenne du baromètre.

Pour construire le baromètre, on prend un tube de verre de 0,85 centimètres rempli de mercure, que l'on a chauffé pour en chasser l'air et l'humidité; et on plonge le bout ouvert dans une cuvette pleine de ce liquide. Le mercure descend dans le tube et s'arrête à 0 mètre 76. L'espace resté vide au-dessus s'appelle la chambre barométrique.

En regard du niveau du mercure on trace des divisions en centimètres et millimètres. Cependant, quelles que soient les précautions apportées dans la construction du baromètre, quelque précise que soit la lecture de la hauteur barométrique, toutes les observations sont nécessairement entachées de deux espèces d'erreurs, inhérentes à la nature même de l'instrument : les unes sont dues aux variations de la température, les autres à la *capillarité*.

Dans tous les tubes barométriques, dont le diamètre est inférieur à 25 ou 30 millimètres, la colonne de mercure, *ne mouillant pas le verre*, subit une dépression plus ou moins forte ; de plus, au lieu de se terminer par une surface plane horizontale, elle se

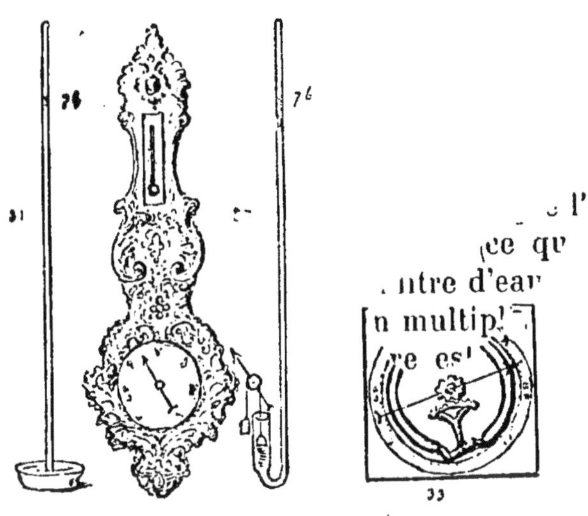

termine par une surface convexe. Il en résulte que dans tous les baromètres à tube étroit la hauteur observée est plus petite que la hauteur vraie ; on commet donc, dans la lecture, une *erreur* que l'on corrige d'après une *table de corrections spéciales*.

Ce fait curieux, qui est une exception aux lois de l'hydrostatique, fait partie d'un ensemble de phénomènes connus sous le nom de *phénomènes capillaires*. (*Capillus*, cheveu ; parce que le diamètre intérieur des tubes qui servent à ces expériences est assez fin pour être comparé à un cheveu), et la partie de

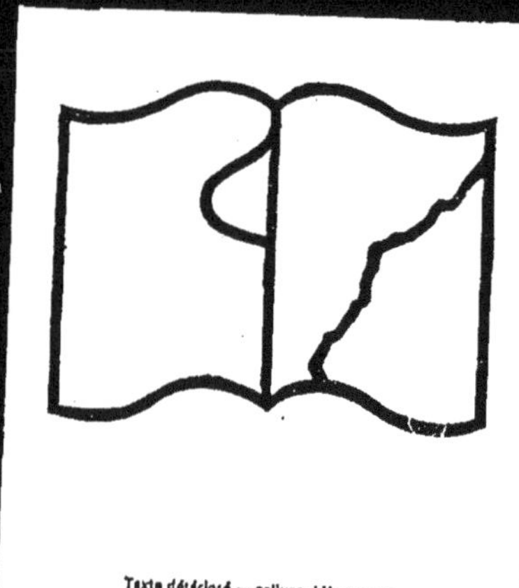

Texte détérioré — reliure défectueuse
NF Z 43-120-11

la physique qui étudie ces phénomènes s'appelle *capillarité.* On appliquait également ce nom autrefois à la force moléculaire qu'on avait imaginée pour les expliquer.

Le baromètre sert, comme on l'a vu, à mesurer la pression atmosphérique ; il sert encore à indiquer les variations de cette pression et à marquer par là celles de la température ; il sert aussi à mesurer les hauteurs. Le baromètre ne peut pronostiquer la pluie ou le beau temps qu'en faisant connaître l'état de la pression atmosphérique (fig. 32). Quand l'atmosphère est sèche et froide, l'air plus libre presse davantage sur la cuvette et le mercure *monte* dans le tube jusqu'à 76,7... 77,6... 78,5... ; en regard on inscrit *beau temps, beau fixe, très sec.* Quand l'atmosph[...] est soulevée par des courants d'air tiède, emb[...] l'humidité gazeuse plus légère que l'air, [...] moins sur la cuvette et le mercure *baisse* da[...] jusqu'à 749... 740... 731... ; en regard on [...] 'après l'expérience et les remarques faites, [...] *ue, grande pluie, tempête; variable* au point intermédiaire : 758....

Dans le baromètre à cadran, sur la cuvette, devenue un bout du tube recourbé, repose un poids soutenu par un fil qui s'enroule autour de l'axe d'une aiguille. Ce poids, équilibré par un contrepoids, monte ou descend avec le mercure et fait tourner l'aiguille sur un cadran où sont marquées les mêmes indications que ci-dessus.

On construit aussi des baromètres métalliques (fig. 33). Le vide étant fait sous des plaques ou dans des tubes, la pression atmosphérique agit plus ou moins sur ces plaques qui mettent en mouvement une aiguille au moyen de leviers et d'engrenages. On doit les graduer par comparaison avec le baromètre à mercure.

Le *manomètre* (*manos*, rare) est un instrument qui sert à mesurer la *pression* des gaz et la *tension* des vapeurs.

La pression atmosphérique diminue à mesure qu'on s'élève, il en résulte que le baromètre baisse ; et l'abaissement de la colonne barométrique permet d'apprécier de combien a diminué la longueur de la colonne d'air qui y fait équilibre ; cette diminution donnera la hauteur où l'on est.

Pour cela, il suffit de savoir de combien diminue la colonne d'air quand celle de mercure diminue d'un millimètre ; elle diminue de 10.464 millimètres, car sa densité est 10.464 fois moindre. La longueur de la colonne est *inversement* proportionnelle à la densité : la colonne de mercure est 10.464 fois *plus* dense ; donc elle est 10.464 fois *moins* longue. En effet, le mercure est 13.59 fois plus dense que l'eau, et l'eau est 770 fois plus dense que l'air (ce que l'on trouve en comparant le poids d'un litre d'eau à celui d'un litre d'air). D'où il suit qu'en multipliant 13.59 par 770, on trouve que le mercure est 10.464 fois plus dense que l'air. A une longueur de 1 sur le mercure, correspond donc une longueur de 10.464 sur la colonne d'air.

Exemple : On monte sur une hauteur et on trouve que le baromètre a baissé de 45 millimètres : la longueur correspondante sur la colonne d'air sera $45^{mm} \times 10.464 = 470^m88$. Mais le rapport de densité change à mesure qu'on s'élève, et ce moyen manque de précision.

Aérostats. — Les ballons sont des globes à enveloppes minces qui s'élèvent emportés par des gaz légers : air chaud ou hydrogène. En vertu du principe d'Archimède, ils flottent comme la fumée et les nuages, soutenus par la poussée de l'air qui,

étant plus dense que leur contenu, est attiré plus
fortement vers la terre et les oblige à s'élever, en
exerçant contre eux une *poussée* analogue à celle que
l'eau exerce sur les corps légers. La nacelle, suspendue au-dessous du ballon, contient des sacs de
sable, que *l'aéronaute* vide à mesure qu'il arrive
dans des régions dont la densité fait équilibre au
ballon, et il s'élève ainsi d'autant qu'il rend le ballon
plus léger. Pour faire descendre le ballon, il suffit
d'ouvrir, à l'aide d'une corde, une soupape qui laisse
échapper le gaz ; le ballon, diminuant de volume,
devient plus lourd que l'air qu'il déplace et descend.
Les ascensions en ballon n'ont encore été utilisées
que pour faire des observations scientifiques et voir
les positions de l'ennemi en temps de guerre. Comme
on n'a pu jusqu'à présent trouver le moyen de les
diriger, ils sont quelquefois emportés par des courants imprévus au-dessus de la mer où ils se perdent.
En cas de péril, l'aéronaute descend en *parachute*.
C'est une sorte de grand parapluie qui ne peut traverser les couches d'air qu'avec lenteur et à la manière
des larges feuilles qui tombent lentement des arbres.
Un trou au sommet laisse écouler avec lenteur l'air
qu'il presse ; ce qui le maintien en position voulue.

Pompes. — La théorie des pompes est aussi fon-
dée sur la pression atmosphérique.

La *pompe aspirante*, par le jeu du piston, aspire
d'abord l'air qui est dans le corps de pompe et y fait le
vide ; l'eau du puits, pressée par l'atmosphère, s'élève
dans le tuyau d'aspiration, comme dans un tube barométrique ; et après avoir traversé le piston, en soulevant un clapet, elle s'écoule et se déverse ; telles
sont les pompes de puits et d'épuisement (fig. 35).

La *pompe foulante* repose dans un bac plein d'eau,
et l'eau s'y élève comme dans les vases communi-

quants. Quand on presse sur le piston, le passage se
ferme par une soupape, et l'eau refoulée s'élance
par un tuyau partant de la base du cylindre. On
s'en sert pour laver les façades des maisons, arroser
les jardins, etc. (fig. 36).

La *pompe aspirante* et *foulante* réunit les disposi-
tions des deux autres ; elle est la plus puissante, elle
sert dans la presse hydraulique (fig. 37) et toutes les
fois qu'il s'agit de porter l'eau au loin. La pompe à
incendie réunit deux corps de pompes foulantes. On
en construit qui sont aspirantes et foulantes, ame-
nant d'un puits l'eau qu'elles lancent. La pompe à
vapeur a quatre tubes et quatre pistons : deux pour
tirer l'eau, deux pour la lancer. Elle est assez puissante pour fournir un débit de 900 litres d'eau par
minute.

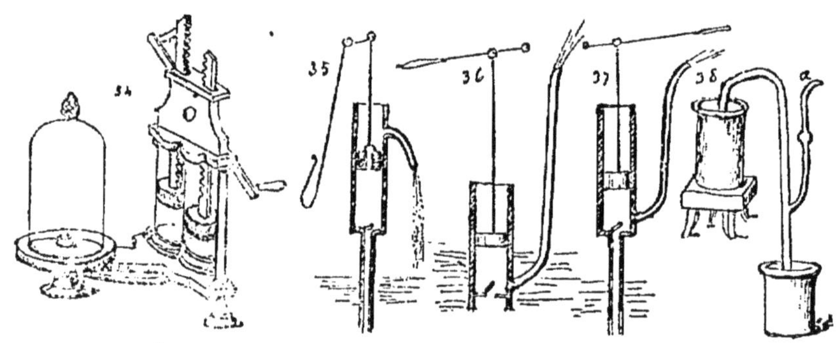

La *machine pneumatique* est formée de deux corps
de pompes aspirantes qui fonctionnent alternativement et font le vide sous une cloche de verre dans
laquelle on fait de nombreuses expériences (fig. 34):
ainsi quand on y met une chandelle, elle s'éteint;
un oiseau, il y meurt; un timbre n'y est plus entendu, de l'eau froide y entre en ébullition, une
vessie aplatie s'y gonfle, tous les corps y tombent
avec la même vitesse, etc. On sait déjà où l'on verra
pourquoi.

Comme on l'a vu, par l'application des ventouses, la chair entre dans le verre où l'on a raréfié l'air et diminué la pression atmosphérique. Si on brûle du papier dans une carafe et qu'on la bouche avec un œuf cuit, dépouillé de sa coquille, on verra l'œuf poussé dans la carafe par la pression atmosphérique; enfin, c'est cette même pression qui fait monter l'eau dans la bouche, quand on boit au chalumeau par aspiration.

Siphon. — L'écoulement continu des liquides s'obtient au moyen du siphon, qui est un tube recourbé, ayant deux branches d'inégale longueur. Pour en faire usage, on le remplit complètement de liquide, par aspiration ou autrement; puis on plonge la petite branche dans le liquide à transvaser. Le liquide de la grande branche, par son excédant de pesanteur, entraîne celui de la petite renouvelé sans cesse par l'aspiration ainsi exercée. On amorce le siphon par l'aspiration exercée au point *a* (fig. 38).

Le son.

La partie de la physique qui a pour objet l'étude des sons au double point de vue de leur production et de leur transmission, se nomme *acoustique* (*akonein*, entendre). Le *son* est une sensation excitée dans l'organe de l'ouïe par le mouvement vibratoire des corps, lorsque ce mouvement se transmet à l'oreille par l'intermédiaire d'un milieu élastique.

Cause du son. — Le son est le résultat d'oscillations rapides imprimées aux molécules des corps élastiques, lorsque, par le choc ou le frottement, l'équilibre de ces molécules a été troublé, elles

tendent alors à reprendre leurs positions premières;
mais elles n'y parviennent qu'en exécutant, en deçà
et au delà de ces positions, des *ondes* rapides dont
l'amplitude décroît très vite. Le nom d'ondes que
l'on donne à ces mouvements vibratoires démontre
l'étroite analogie qui existe entre le mouvement
sonore de l'air et le mouvement qui fait naître des
ronds concentriques à la surface d'une nappe d'eau
tranquille où l'on aurait jeté une pierre.

Les vibrations des corps n'éveillent en nous la
sensation du son que par l'intermédiaire d'un milieu,
interposé entre l'oreille et le corps sonore. Ce milieu est
ordinairement l'air; mais les gaz, les vapeurs, les
liquides, les solides, transmettent aussi le son. D'où
il résulte que *le son ne se propage point dans le vide;*
c'est-à-dire, que là où il n'y a pas d'air, il n'y a pas
de son : un timbre placé sous la cloche en verre
d'une machine pneumatique n'est plus entendu dès
qu'on fait le vide sous ce récipient; quand on s'élève
très haut en ballon, on remarque que le bruit diminue à mesure que l'air devient plus rare.

Si le son se propage dans les gaz comme dans
l'air, il se transmet aussi très facilement dans les
liquides : un plongeur entend ce qui se dit sur le
rivage; dans les solides, mieux encore : un léger
choc à l'extrémité d'une poutre ou d'un long tuyau
de fer est entendu à l'autre extrémité. Les sauvages
mettent l'oreille contre terre pour entendre la
marche de l'ennemi; les bruits souterrains qui
accompagnent les tremblements de terre s'entendent
de fort loin. Tel timbre de pendule, dont l'air n'apporte pas les sons dans une pièce voisine, y est
entendu comme bruit de marteau à travers les murs.
Dans le bois, le son se propage dix fois mieux que
dans l'air; dans le fer, quinze fois; dans l'eau, quatre
fois.

Le son parcourt 340 mètres par seconde, tandis que la lumière parcourt 77.000 lieues pendant le même temps : aussi voit-on le feu sortir d'un fusil longtemps avant d'entendre le coup ; et pour savoir à quelle distance on est d'un lieu où éclate la foudre, il suffit de multiplier par 340 le nombre de secondes écoulées entre l'*éclair* et le *bruit;* car on peut considérer la lumière comme arrivant instantanément, vu sa grande vitesse, bien que le bruit et l'éclair se soient produits simultanément dans la nue.

Échos. — De même qu'on voit les ondulations de l'eau revenir après avoir heurté un mur, les ondulations produites dans l'air, heurtant une surface, reviennent en répétant le son ou le bruit : c'est l'écho. Une distance d'au moins 17 mètres est nécessaire pour qu'un temps suffisant s'écoule entre l'émission du son et l'écho ; sinon, il y a simplement résonnance, augmentation de bruit, comme dans les appartements non meublés. S'il y a plusieurs surfaces répercutantes, on peut entendre plusieurs échos. On cite l'écho de Woodstock, qui répète le son 20 fois, et celui de Simonetta près de Milan, qui le répète 40 fois. A la distance de 340 mètres, un écho peut répéter 7 ou 8 syllabes. Dans les salles voûtées, dans les enceintes elliptiques, les sons étant renvoyés par réflexion en certains points, y sont, par conséquent, mieux entendus. La sonorité des instruments de musique résulte des ondes sonores, des vibrations de la matière dont sont faits les instruments et des cavités qu'ils comportent : c'est aux ondulations de l'air contenu dans le violon qu'est due la belle sonorité de cet instrument. Le son des instruments de cuivre est éclatant, parce que le métal vibre facilement et que, comme les corps solides, il transmet les sons mieux que l'air. C'est tout le secret des *porte-voix*.

Dans les *cornets acoustiques* et les trompettes, les vibrations, comprimées dans un tube, éclatent vivement à leur sortie. Quand on fait vibrer une corde tendue, les sons deviennent de plus en plus aigus, à mesure qu'augmente la tension de la corde. Trente vibrations par seconde produisent un son grave, les sons les plus aigus résultent de vibrations dont le nombre peut s'élever à 76.000 par seconde. Les plus longues cordes et les plus longs tuyaux donnent moins de vibrations et des sons plus graves. Raccourcis de moitié, ils donnent le double de vibrations, ce qui produit l'octave. Le *la* du diapason résulte de 870 vibrations par seconde ; le *do* inférieur, de 522 ; le *do* supérieur, de $522 \times 2 = 1.044$. La note qui est à la quinte donne $522 \times \frac{3}{2}$ ou 783 vibrations. L'*accord parfait* résulte des rapports simples : 4, 5, 6.

Instruments de musique. — Les instruments de musique se classent en deux catégories : les instruments à cordes et les instruments à vent.

Par instruments à cordes, on entend : 1° les instruments à *archet*, dont le type est le violon ; 2° les instruments dont on pince les cordes soit avec les doigts, soit à l'aide d'un bout de bois ou de plume : tels sont la harpe, le théorbe, le luth, la mandore et la mandoline ; 3° les instruments dont les cordes entrent en vibration sous le choc d'un marteau ; ce sont : les instruments à touches, dont le piano est le type.

Les instruments à vent sont très variés de forme, de dimensions et même de substance. Ils comprennent : 1° les instruments à bouche ou à embouchure de flûte. Le type le plus simple est le flageolet ;

2° les instruments à anche, tels la clarinette et le
hautbois; 3° les instruments à bocal ou à embouchure de cor : la trompe de chasse, la trompette et
le clairon sont, comme le cor, des instruments à
bocal.

La voix humaine a, pour instrument à anche, les
cordes vocales de la glotte ; elle donne de 80 à 1.024
vibrations.

Le **Phonographe** inventé en 1877, par M. Edison,
est un instrument merveilleux qui tend à remplacer
les livres qu'on lit, par des livres qu'il suffira d'écou-
ter ; car ils rediront ce qui aura été parlé ou chanté
devant leurs feuillets. Il serait difficile d'en expli-

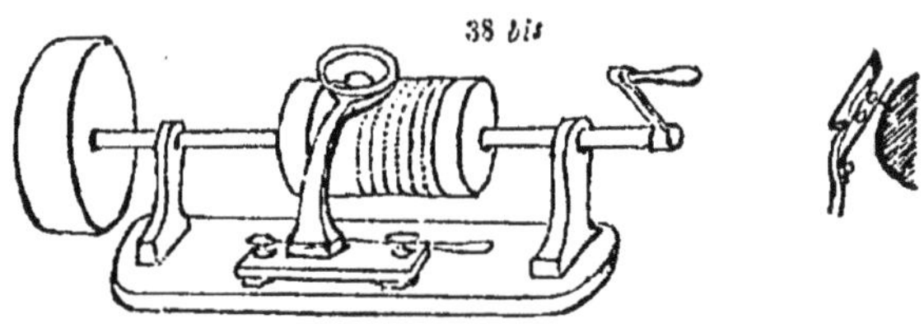

Phonographe Edison, 1/6 de sa grandeur.

quer la théorie en l'absence de l'instrument. Expo-
sons simplement que les paroles ou les chants à
reproduire sont dits en face d'un cornet analogue à
celui du téléphone; et que la plaque de ce cornet
communique ses vibrations à une pointe fine et
légère, qui les grave sur une feuille d'étain, de bois
ou de cuivre tendue autour d'un cylindre tournant.
Le tracé de la pointe ne se voit bien qu'au microscope : il est plus ou moins profond selon que la voix
a fait vibrer plus ou moins la plaque du cornet. Or,
voici la merveille : si on replace la pointe traçante à
son point de départ, et qu'on fasse tourner le cylindre
comme lorsqu'on parlait, la pointe va suivre de
nouveau le sillon qu'elle avait tracé selon les accents

de la voix. En frottant ainsi sur l'étain, elle communique son mouvement à la plaque, qui vibre de la même manière qu'elle vibrait sous l'action de la voix. L'air, frappé par cette vibration comme il l'était par celle de la voix, reproduit les paroles et les chants assez distinctement, pour qu'on les entende de tous les points d'une grande salle. L'instrument fonctionne ainsi à des années de distance et en quelque lieu du monde qu'on l'emporte. Si on place cet instrument près d'un téléphone, il y produit les mêmes effets que la voix humaine, mais d'une manière affaiblie et avec un accent nasillard. Edison a mis de petits phonographes dans le corps des poupées perfectionnées.

LA CHALEUR

La chaleur est un des principaux agents de la nature ; elle est indispensable à la vie des végétaux et à celle des animaux. Qu'est-ce que la chaleur ? On l'ignore, on n'en connaît que les effets. C'est, dit-on, le résultat d'un mouvement vibratoire des molécules de la matière, par l'intermédiaire de l'*éther*, fluide répandu dans tout l'univers. Disons simplement que la chaleur existe plus ou moins dans tous les corps et qu'elle se manifeste à nous par une sensation bien connue. Le froid n'est qu'une diminution de chaleur. La chaleur est une force directement opposée à la cohésion ; elle dilate les corps en écartant leurs molécules les unes des autres : une aiguille plongée dans l'eau froide, retient une goutte plus grosse que dans l'eau chaude, parce que la chaleur a détruit ou diminué la force de cohésion. C'est la chaleur qui fait passer les corps de l'état solide à l'état liquide et ensuite à l'état gazeux. Une barre de fer chauffée s'allonge : on doit pour cette raison laisser un intervalle entre les rails des chemins de fer. Une boule chauffée augmente de volume. Les cercles qui entourent les roues sont posés à chaud, pour qu'en se refroidissant, ils les serrent fortement. Les pièces des chaudières en forte tôle sont clouées entre elles par des rivets posés et frappés à chaud, pour qu'en se contractant par le refroidissement, ils serrent les plaques et ne laissent aucun passage à l'eau et à la vapeur. Les balanciers des pendules s'allongeant par la chaleur, leurs oscillations deviennent plus lentes et retardent le mouvement des aiguilles. On y remédie en opposant à la dilatation des tiges de fer vers le bas, la dilatation de pareilles tiges de cuivre vers le haut, faisant ainsi remonter la lentille à sa place (fig. 44). Tous les corps se dilatent plus ou moins : Un ressort à boudin se détord par l'effet de la chaleur et peut servir de thermomètre, si à son extrémité on attache une aiguille qui indique les degrés de chaleur par les effets de sa dilatation (fig. 42). Si l'on chauffe un porte-plume fermé, l'air dilaté fera sauter le bouchon ; de l'eau produirait le même effet. C'est par leur dilatation que les gaz enflammés, dans les armes à feu, lancent les projectiles et frappent l'air violemment. L'alcool monte dans le thermomètre parce que sa dilatation le fait augmenter de volume. Les liquides se dilatent mieux que les solides ; et les gaz, encore mieux que les liquides. Ce que ne pouvait faire la pression sur les liquides, un peu plus ou moins de chaleur le fait.

Thermomètre. — Le thermomètre sert à *mesurer la température* ou le degré de chaleur d'un corps. (Un thermomètre placé près d'un mur donne la température du mur et non celle de l'air.) Il est formé d'un tube de verre renfermant du mercure qui se dilate par l'élévation de la température, ou se contracte par l'abaissement de cette température. Le tube est choisi bien cylindrique, afin que la dilatation s'y fasse avec régularité, et il est renflé à sa partie inférieure, pour que les effets de la dilatation y soient plus sensibles. On le chauffe pour en chasser l'air, et on verse en même temps du mercure sur l'ouverture du tube élargie en entonnoir (fig. 39). En laissant refroidir le mercure, on le fait entrer dans le tube, sous la pression atmosphérique. On chauffe de nouveau pour chasser du tube et du mercure l'air et l'humidité; on verse encore du mercure, en répétant l'opération, jusqu'à ce que le tube soit plein. Alors on le chauffe fortement, le mercure se dilate et déborde; à ce moment, au moyen d'une lampe et d'un chalumeau, on fond et on ferme le bout du tube. Le mercure qui le remplissait redescend en se contractant par le refroidissement.

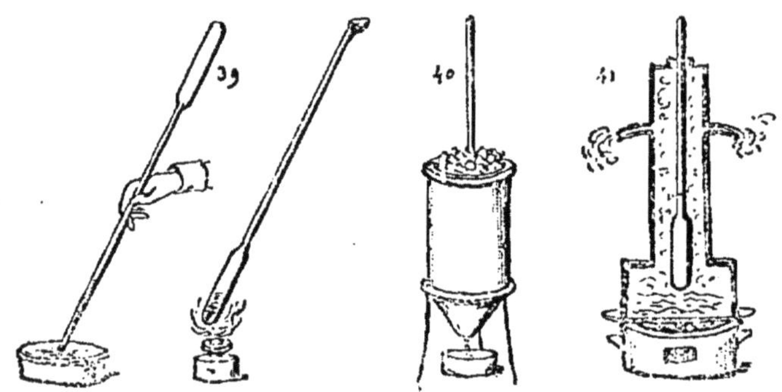

Pour graduer le thermomètre, on le plonge dans la glace fondante, et on marque *o* au point ou descend le mercure (fig. 40). On le met ensuite dans l'eau bouillante (fig. 41), et on marque *100* au point où il s'élève; puis on divise par centièmes entre ces deux limites. La température de la fusion et de l'ébullition *pour chaque corps,* sont constantes : c'est-à-dire, que sous la pression 0,76, elles sont toujours les mêmes et qu'elles restent invariables tant que durent la fusion ou l'ébullition. C'est pour cette raison, que dans la construction du thermomètre, on a choisi, comme points fixes, la température de fusion de la glace et celle de l'ébullition de l'eau.

On emploie aussi l'alcool coloré dans la construction des thermomètres, parce que le mercure gèle à 40 degrés au-dessous de 0, alors que l'alcool ne gèle pas même à 130°. Mais l'alcool ne peut marquer les températures élevées, parce qu'il bout à 78 degrés, tandis que le mercure ne bout qu'à 360°. En outre, l'alcool se dilate irrégulièrement, et l'instrument ne

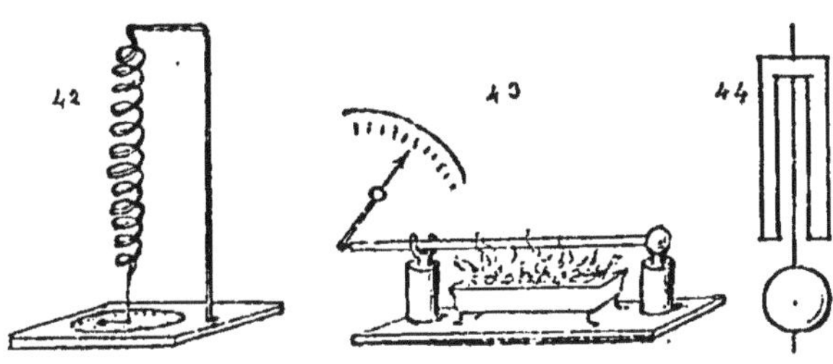

peut être gradué qu'à l'aide du thermomètre à mercure et comparativement ; on les chauffe en même temps, et l'on marque, sur le thermomètre à l'alcool, les températures indiquées par le thermomètre à mercure.

Les métaux se dilatant facilement, on a construit des thermomètres métalliques gradués par comparaison (fig. 42). Le thermomètre, introduit dans un fourneau à température très élevée, y fondrait ; on le remplace par des instruments non fusibles comme l'argile et portant des indications, ce sont les *pyromètres* (*pyr*, fin). La figure 43 représente un pyromètre en métal dont la dilatation fait mouvoir une aiguille.

Rayonnement du calorique. — La chaleur rayonne sans cesse d'un corps à l'autre, des plus échauffés vers les plus froids, jusqu'à ce qu'ils soient en équilibre de température ; une main, étant froide, se mettra à la température de l'autre si on les rapproche. Ce rayonnement se fait sentir en raison inverse du carré des distances ; c'est-à-dire que la chaleur émise par un poêle, par exemple, est quatre fois moins sentie à une distance double, neuf fois moins à une distance triple, etc. Un corps chauffé rayonne en effet dans tous les sens comme au centre d'une sphère. Or la géométrie démontre que la surface des sphères, ayant un même centre, croît comme le carré des rayons, celle qui a 2, 3, 4 mètres de rayon recevra donc, sur un point de sa surface, 4, 9, 16 fois moins de chaleur.

Conductibilité des solides, des liquides, des gaz. — Les solides sont plus ou moins bons conducteurs du calorique : on peut tenir à la main un morceau de bois enflammé, on ne pourrait tenir un morceau de fer rougi à peu de distance ; le fer conduit donc mieux la chaleur que le bois. On peut développer une grande chaleur dans les cheminées sans incendier les habitations, parce que la brique ne conduit pas bien la chaleur. Nos appartements se refroidissent peu en hiver, parce que les vitres et les portes en gardent mieux la chaleur que ne le feraient des plaques de métal. On entoure les appartements de tentures, nous nous couvrons pour la même raison.

La conductibilité des métaux est remarquable : c'est parce qu'ils perdent promptement la chaleur qu'ils nous prennent quand nous les touchons, qu'ils nous semblent froids. On peut faire fondre, sur une chandelle, une balle de plomb entourée de papier,

sans que le papier brûle; la chaleur est prise par le
métal à mesure qu'elle traverse le papier.

De l'eau chaude versée dans l'appareil d'In-
genhousz (fig. 45) fait fondre la cire déposée sur les
tiges, selon leur degré de conductibilité. Une chaudière soumise à un grand feu laisse passer très facilement la chaleur destinée à son contenu; la toile
métallique qui entoure la lampe des mineurs perd si
vite la chaleur qu'elle reçoit de l'intérieur, qu'elle ne
peut enflammer le gaz dangereux qui est à l'extérieur.

C'est par défaut de conductibilité que le charbon
de bois, les verres et les porcelaines éclatent sur le

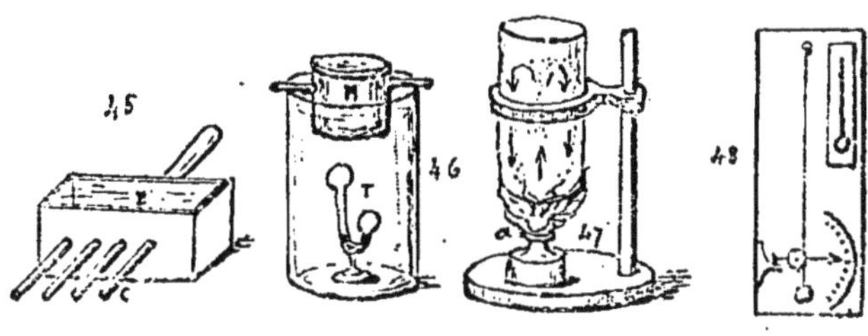

feu, quand on les chauffe trop vite. Les substances
très divisées conduisent mal la chaleur : on peut
tenir sur la main un charbon ardent, si on la frotte
d'abord avec un peu de cendre; c'est aussi la faible
conductibilité de la cendre qui permet d'entretenir
le feu des foyers une nuit entière.

Les liquides ne sont pas bons conducteurs du calorique. Quand on pose un vase plein d'huile bouillante sur un vase d'eau froide, la chaleur de l'huile
n'affecte que la surface de l'eau qui reste froide
au-dessous (fig. 46) et n'influence pas le thermos-
cope. Si la chaleur passait d'un point à l'autre aussi
facilement dans l'eau que dans le plomb, l'ébullition tumultueuse de l'eau n'aurait pas lieu. C'est

faute de conductibilité que les couches inférieures
étant chauffées se dilatent et soulèvent celles qui
sont froides et plus denses ; et l'eau n'est entière-
ment échauffée qu'après que toutes ses parties sont
venues au fond du vase, par le fait de leur densité,
recevoir la chaleur du foyer (fig. 47). Des sciures de
bois dans l'eau bouillante démontrent ce phénomène.

L'air et les gaz sont mauvais conducteurs du calorique, heureusement pour notre santé ; car l'air
nous protège contre les excès du chaud et du froid :
nos vêtements, les édredons, les fourrures, peu con-
ductibles contre les variations de température par
eux-mêmes et aussi par la couche d'air qu'ils contiennent. L'oiseau renfle ses plumes pour y établir
une enveloppe d'air protectrice ; la glace est préser-
vée de la chaleur en été par la couche d'air en même
temps que par les matières qui l'entourent, telles
que la paille, la sciure de bois, la flanelle ou autres
matières divisées peu combustibles. Dans le Nord,
les animaux sont couverts de duvet ou d'épaisses
fourrures, formant avec l'air des enveloppes protec-
trices contre le refroidissement.

Cependant la chaleur qui nous vient directement
du soleil traverse l'air facilement tant qu'elle est
lumineuse. En arrivant sur le sol, elle s'éteint, puisqu'en rayonnant durant la nuit, elle ne donne plus
de lumière. C'est en cet état qu'elle ne traverse plus
facilement l'air et qu'elle s'accumule dans les serres,
sous les châssis et les cloches des jardiniers, entre
les doubles fenêtres ; et de même entre toutes les
couches d'air qui constituent l'atmosphère, et cela
en quantités d'autant plus grandes que ces couches
sont plus nombreuses. D'où il résulte qu'on jouit
d'une plus grande quantité de chaleur dans les
plaines que sur les montagnes, où l'on est pourtant
plus près du soleil.

Fusion des corps. — Par une élévation suffisante de température, les corps solides entrent en fusion, c'est-à-dire deviennent liquides. Les uns se liquéfient à une basse température : tel est le mercure qui devient fluide à 40° au-dessous de 0; aussi est-il toujours un métal coulant dans nos pays, à moins de le refroidir par des moyens artificiels; telle est encore la glace qui entre en fusion à 0. D'autres exigent une chaleur plus ou moins grande, ce sont : la bougie qui fond à 70°, le soufre à 110°, l'étain à 228°, le plomb à 334°, l'argent à 1.000°, l'or à 1.250°, le fer à 1.500°. — A une température de 500°, on obtient le rouge sombre; 600°, lumineuse, et 1500°, rouge blanc : c'est le degré de fusion du fer.

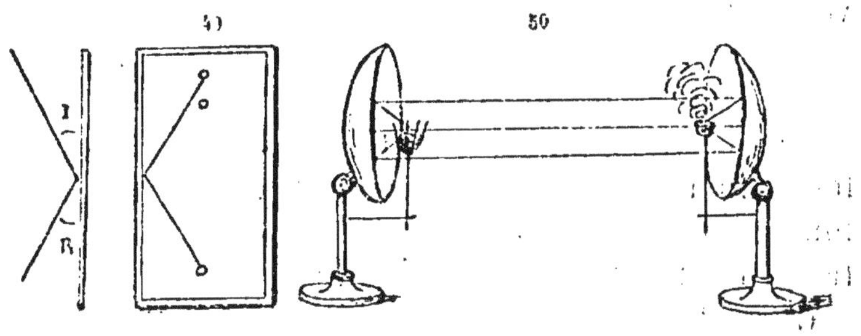

Pouvoirs absorbant, émissif, réflecteur. — Les corps bons conducteurs, tels que les métaux, absorbent facilement la chaleur et l'émettent de même : un poêle en fonte s'échauffe plus vite et perd plus vite sa chaleur qu'un poêle en faïence; (les vases en métal gardent leur contenu moins longtemps chaud que ceux en terre) : les corps à surface dépolie et noircie également : l'eau s'échauffe et se refroidit plus vite dans une bouilloire à surface noircie et dépolie que dans celle qui est étamée et luisante; les vêtements noirs absorbent et perdent la chaleur plus promptement que les vêtements blancs qui protègent si bien les Orientaux contre l'ardeur du soleil et contre le froid excessif des nuits. Les toitures en zinc absorbent et émettent plus facilement la chaleur que celles en ardoises, et celles-ci plus facilement que les toitures en paille; c'est pourquoi le zinc se déforme.

Le pouvoir réflecteur s'exerce à la surface des corps blancs et polis, laquelle renvoie la chaleur en partie.

Un mur blanc réfléchit la lumière mieux qu'un autre; s'il est noir, il l'absorbe : contre un mur blanc, les espaliers ont la chaleur reçue et celle que réfléchit le mur, mais il est froid la nuit; contre un mur noir et dépoli, ils ne reçoivent point la chaleur que ce mur absorbe durant le jour, mais profitent de celle qu'il rend ou émet durant la nuit, ce qui vaut mieux.

Lois de la réflexion. — Une balle élastique qui rencontre un mur, une bille de billard qui heurte la bande, repartent en faisant un *angle de réflexion à l'angle d'incidence* ou d'arrivée (fig. 49). Un petit brasier placé au milieu d'un miroir sphérique, suffit pour enflammer à distance un objet situé à un autre foyer qui en reçoit les rayons (fig. 50). Les sons, les rayons de chaleur ou de lumière suivent cette même loi. On en a fait l'application dans la construction des cheminées, en disposant les plaques du foyer de manière à renvoyer la chaleur vers l'intérieur de la place à chauffer.

Sources de la chaleur.

Sources mécaniques. — Le *frottement* développe la chaleur : on se frotte les mains pour les réchauffer; les sauvages allument par frottement des morceaux de bois sec ; l'axe des roues s'échauffe en tournant. On attribue cette chaleur à la vibration du calorique dans les corps.

La *percussion* et la *pression* produisent les mêmes effets ; la tête d'un clou s'échauffe sous les coups de marteau ; une balle de plomb, tombant de plus de 4000 mètres, serait en fusion au moment où elle toucherait la terre ; un boulet de canon, lancé contre une plaque métallique qui l'arrête, rougit : la force qui le poussait se transforme en chaleur par la vibration. Le choc des fers des chevaux contre les pavés produit des étincelles ; la forte pression des terrains sur les forêts englouties les a échauffées et carbonisées, concurremment avec la chaleur centrale. Dans le briquet à air, qui est un tube de verre muni d'un piston, quand on presse vivement sur ce piston, l'air comprimé peut enflammer l'amadou en restituant la chaleur qui le tenait dilaté.

Sources physiques. — La première de toutes est le *soleil*, dont la masse, embrasée et puissante dans ses effets caloriques, semble soumise à d'abondantes réactions chimiques et électriques, encore peu expliquées. Sans la chaleur qui nous vient du soleil, notre terre ne serait pas habitable et demeurerait stérile ; car c'est elle qui est la source de tout mouvement à la surface du globe.

La *chaleur centrale* de la terre en retarde le refroidissement sans doute : on a remarqué qu'à mesure qu'on s'enfonce de 30 à 40 mètres dans le sol, la température augmente d'un degré, de sorte qu'à la profondeur d'une lieue elle serait de 100 degrés. Les eaux thermales et les volcans semblent en fournir la preuve : la masse en fusion serait entourée d'une écorce solide qui n'aurait guère que 14 à 15 lieues d'épaisseur ; mais, en raison de la faible conducti-

bilité des couches terrestres, la terre ne fournit que
peu de chaleur à sa surface ; et quand on dit que la
chaleur de la terre rayonne vers l'atmosphère durant
la nuit, on parle de la chaleur qu'elle a reçue du
soleil durant le jour.

Le *changement d'état des corps* produit de la chaleur,
quand, pour passer à un état plus dense, ils abandonnent la chaleur qui les avait élevés à un état
moins dense. Ainsi l'eau, pour passer de l'état solide
à l'état liquide, a besoin d'une force qui est la chaleur ; elle en aura encore besoin pour passer de
l'état liquide à l'état gazeux ; or elle la restituera
quand le contraire aura lieu et que cette chaleur
cessera d'être bonne. Quand on arrose les rues,
quand on fait sécher du linge, quand le vent emporte
l'humidité soit de nos vêtements, soit de la surface
de la terre, un refroidissement sensible se produit.
Pour passer à l'état gazeux, l'eau s'empare de la
chaleur environnante qui disparaît comme chaleur,
et est employée comme force, pour produire et maintenir l'état gazeux de l'eau. Ainsi employée, la chaleur n'est plus sensible au thermomètre ; elle est
dite *latente* ou cachée. Mais elle est restituée à l'atmosphère dès que l'eau qui l'avait absorbée revient
à l'état liquide ; on dit quelquefois : « Une petite
pluie adoucit le temps ; » et il fait plus froid au
moment du dégel qu'à l'heure où l'eau passe à l'état
solide.

Sources chimiques. — On verra plus loin comment des corps se combinent entre eux et en forment
d'autres. Ainsi l'oxygène de l'air, se combinant
avec des matières inflammables, produit la *flamme*,
qui est une source de chaleur ; le même gaz, se combinant dans le corps des êtres vivants avec d'autres
matières, y entretient la *chaleur animale;* il se com-

bine en beaucoup de circonstances avec des matières qui s'échauffent et produisent les *fermentations*.

Remarques. — Le froid n'est autre chose qu'une diminution de chaleur, comme l'obscurité n'est que l'absence de la lumière. Tout corps qui passe d'un état plus dense à un état moins dense, s'empare de la chaleur environnante et cause ainsi un refroidissement.

Pourquoi un vrai dégel n'est jamais chaud? Parce que, en passant à l'état liquide, la glace s'empare de la chaleur qui lui est nécessaire pour maintenir ses molécules à l'état fluide. Le sel et le sucre, passant à l'état liquide par dissolution, causent un refroidissement; la glace pilée et le sel, mis en présence, passent à l'état liquide et produisent autour d'eux un abaissement de température de 15 à 16 degrés. C'est avec de semblables mélanges réfrigérants que l'on fabrique des glaces en été.

L'eau, passant à l'état de glace, augmente de volume par sa cristallisation, et brise les vases, les tuyaux, déchire les jeunes plantes, fait éclater avec un bruit formidable les plus gros arbres, les rochers et des tubes de la force d'un canon. En soulevant la terre, elle y fait pénétrer l'air et la rend plus légère pour les cultures du printemps. Cette cristallisation de l'eau peut être retardée par les sels qu'elle contient. Par l'immobilité on retarde la congélation, et l'eau reste liquide jusqu'à 12 ou 15 degrés. La glace est très solide : en Russie, on a construit des palais de glace, des canons qui ont résisté à la charge; sur l'eau, elle porte des chariots. Mais sur les rivières dont le niveau peut baisser, la glace, n'étant plus soutenue, pourrait s'effondrer.

Effets de la chaleur dans l'atmosphère. Les météores.

On nomme *météores* les phénomènes qui se produisent dans l'atmosphère. Ils se divisent: 1° en météores aériens; 2° en météores aqueux; 3° en météores électriques; 4° en météores lumineux.

1° Météores aériens. — La vitesse moyenne d'un vent modéré est de 2 mètres par seconde; elle est de 10 mètres quand le vent est frais; de 20 mètres quand il est fort; de 25 mètres et même de 40 mètres quand il y a tempête et ouragan.

Les vents ont pour cause une rupture d'équilibre dans la température. La chaleur du soleil ayant agi puissamment sur tel ou tel point du globe, l'air échauffé s'élève dans les régions supérieures de l'atmosphère, comme l'eau chauffée sur le feu. Les couches plus froides et plus denses, venant prendre le dessous, déterminent un mouvement de poussée et d'appel dans toute la région. Les courants maritimes, partant des régions chaudes de l'équateur, agissent également sur les couches d'air. Les *vents alizés* soufflent dans les régions équatoriales en suivant la marche du soleil, qui, échauffant successivement les zones où il darde d'aplomb ses rayons, y déterminent constamment un mouvement ascensionnel, lequel entraîne l'air froid des zones tempérées. La terre, présentant aux rayons du soleil durant six mois l'hémisphère boréal, et durant six mois l'hémisphère austral, détermine des vents périodiques appelés *moussons,* qui soufflent pendant le même temps dans un sens, ensuite dans l'autre.

La *brise de terre* et la *brise de mer* sont dues aux mêmes causes. Durant le jour, la terre s'échauffe plus vite que la mer ; le mouvement ascensionnel de l'air dilaté se fait au-dessus de la terre, et l'air plus dense arrive de la mer. La nuit, le sol, étant en vertu du pouvoir émissif, meilleur conducteur que l'eau, se refroidit plus vite que la mer par le rayonnement nocturne, et le phénomène a lieu en sens contraire.

Le *samoun* est le plus terrible des vents ; il souffle des déserts de l'Asie et de l'Afrique, emportant avec sa température élevée des sables, qui obscurcissent l'air et mettent les voyageurs en péril. Quand ce vent souffle, la peau se dessèche, la respiration s'accélère et la soif devient ardente ; hommes et animaux cherchent à se mettre en garde contre ce terrible fléau qui engloutit quelquefois des caravanes entières.

Les trombes. — Les trombes sont des colonnes de vapeur et d'eau animées d'un mouvement giratoire, analogue à celui que déterminent les coups de vent dans la poussière. Il en est d'assez rapides et d'assez puissantes pour déraciner et emporter les arbres, renverser les maisons, les églises, mettre en péril les embarcations, briser et détruire ce qu'elles rencontrent. Elles sont accompagnées de grêle et de pluie, lancent des éclairs et des éclats de tonnerre. Les *typhons*, les *cyclones*, les *ouragans* sont aussi dus à la rotation de masses d'air, qui ont parfois cent lieues de diamètre.

Ces terribles phénomènes prennent naissance dans les régions équatoriales, où la rotation du globe et l'extrême chaleur déterminent, dans les mouvements de l'océan et de l'atmosphère, une agitation puissante, dont le contre-coup se fait sentir quelquefois jusque vers les régions tempérées ; mais quelquefois aussi ils tournent d'Occident en Orient.

2° Météores aqueux. — Les *brouillards* se forment quand le sol humide est plus chaud que l'air : les vapeurs, condensées par le froid, deviennent visibles. Ils se forment encore quand un courant d'air chaud et humide se trouve refroidi en passant sur une rivière, un marais, une prairie : l'air refroidi ne peut plus soutenir toute son humidité à l'état gazeux, il se forme des gouttelettes liquides qui tombent quand elles sont en excès. Le brouillard ne se congèle qu'à 20° au-dessous de 0; c'est là une disposition providentielle analogue à celle qui veut que, même durant les plus fortes gelées, il y ait dans l'air de l'eau à l'état gazeux, pour les besoins de la respiration.

Les *nuages* se forment par les mêmes causes. Un nuage est un brouillard dans lequel on n'est pas, le brouillard est un nuage dans lequel on est. Il arrive qu'un ciel pur se couvre de nuages en peu de temps; ces nuages sont tantôt amenés par un courant d'air, tantôt formés immédiatement, par le passage d'un courant d'air froid ou un abaissement de température. D'autres fois les nuages se dissipent et disparaissent, parce que, la température s'étant élevée, toute l'humidité de l'atmosphère passe à l'état gazeux qui est invisible. Un vent sec produit une saturation analogue. La hauteur des nuages est en moyenne de 12 à 1400 mètres en hiver, et de 3 à 4000 en été. Dans les hautes régions de l'atmosphère, on n'aperçoit que peu de nuages qui sont tous formés de glaçons, et qui, pour cette raison, sont d'un blanc éclatant.

Pluie. — Quand la température de l'atmosphère est insuffisante, pour tenir à l'état gazeux l'humidité qu'elle renferme, l'excédent se condense en vapeur épaisse et tombe à l'état de pluie; il en tombe plus en été qu'en hiver, parce que la chaleur en a élevé davantage, et si néanmoins l'humidité est moins apparente en été qu'en hiver, c'est parce qu'elle remonte promptement. Les grandes pluies, comme la gelée, détruisent les montagnes.

L'*hygromètre* marque le degré d'humidité de l'atmosphère. Celui de Saussure est formé d'un cheveu dégraissé auquel est suspendu un poids. Selon que l'air est humide ou qu'il est sec, le cheveu s'allonge ou se raccourcit; une aiguille attachée au poids en marque les indications (fig. 48). Pour plus d'élégance dans la construction, on enroule le cheveu autour d'une poulie portant l'aiguille qui tourne alors sur un cadran. Toutes les matières organiques sont hygrométriques : les aliments se ramollissent, les cordes de violon et autres, formées de boyaux, s'allongent. On se sert de ces cordes pour construire des hygromètres sous la figure d'un capucin, dont la tête se couvre ou se découvre selon que la corde, qui tire le capuchon, s'allonge ou se raccourcit. Peu d'hygromètres fournissent des indications précises. L'humidité pénètre dans les corps par la porosité et aussi par la *capillarité;* elle en allonge quelques-uns, en raccourcit d'autres, tels que les cordes, le linge, en agissant sur la torsion des fils.

Rosée, serein, gelée blanche. — La rosée se forme de la vapeur qui se condense et se dépose pendant la nuit. Le rayonnement nocturne refroidit la terre et les corps qui sont à sa surface. La couche d'air qui les environne se refroidit par contact, et n'ayant plus assez de chaleur pour tenir son humidité en suspension à l'état gazeux, elle la laisse tomber en gouttelettes. Si l'air était bon conducteur, les couches supérieures réchaufferaient celle que le contact de la terre refroidit, et le phénomène n'aurait pas lieu; quand l'air est agité, il n'y a pas de rosée, car des couches d'air se renouvellent; il n'y a pas de rosée non plus quand le ciel est couvert, car le rideau de nuages arrête le rayonnement nocturne, à la manière des paillassons, à l'aide desquels on protège les jeunes pousses contre les gelées de printemps ; si la rosée est très abondante, c'est qu'il y a beaucoup d'humidité dans l'atmosphère et que la pluie est probable. L'absence de rosée indique également un temps incertain.

Lorsqu'en été on apporte, dans un appartement, une carafe d'eau fraîche, on la voit se couvrir d'humidité, de la même manière que se forme la rosée ; en temps de dégel, les appartements étant refroidis, si on y laisse entrer l'air tiède, les meubles se couvrent d'humidité par les mêmes causes, et ainsi en est-il des vitres qui en hiver se couvrent d'humidité tantôt à l'intérieur, tantôt à l'extérieur, selon que la température est plus froide du côté opposé.

Le *serein* est de la rosée produite par une couche d'air épaisse à cause du fort rayonnement. Il se produit à l'époque des grandes chaleurs dans les contrées humides, au coucher du soleil, quand les couches inférieures de l'air se refroidissent par rapide rayonnement ; il tombe sous forme de pluie fine, comme la rosée, sans apparence de nuage.

La *gelée blanche* se forme absolument comme la rosée, mais à la température de la glace : les vapeurs condensées se déposent sur les objets les plus refroidis en petits glaçons, qui sont autant de cristaux s'ajoutant les uns aux autres.

Le *givre* se forme après de fortes gelées, quand les arbres étant à la température de la glace, un brouillard vient à passer. Cette humidité se congèle au contact des arbres et y dépose ces beaux cristaux blancs qui s'allongent en aiguilles selon l'intensité du froid, comme la glace sur les vitres.

La *neige* est de l'eau solidifiée par le froid en petits cristaux étoilés qui sont d'autant plus réguliers qu'ils se sont formés dans un air plus calme.

Pour les observer, on les reçoit sur un corps noir et on les regarde avec une forte loupe. La régularité et la diversité de leurs formes sont admirables. Leurs variétés paraissent être de plusieurs centaines. Vers les pôles, la terre est constamment couverte de neige; il en est de même sur les hautes montagnes, où la température est constamment au-dessous de zéro, même aux environs de l'équateur. On trouve les neiges perpétuelles à 1000 mètres au-dessus du niveau de la mer en Islande, à 5000 mètres sous l'équateur. Par une disposition providentielle et par défaut de conductibilité, la neige fond lentement, pénètre peu à peu dans les terres et, comme l'eau, donne naissance à des sources. Si elle fondait promptement, les pays voisins des sommets neigeux seraient inondés tous les ans. Les neiges et les glaciers se renouvellent, mais ne sont pas immobiles; leur contact avec la terre les fait fondre et descendre lentement comme de véritables fleuves gelés, en emportant vers la plaine des quartiers de roche. Ceux de la zone glaciale arrivent à la mer à l'état d'énormes glaçons.

Le *grésil* se forme comme la neige, mais dans l'air agité; il tombe en petites aiguilles de glace pressées d'une manière confuse.

Le *verglas* est une couche de glace unie comme du verre, qui se forme toutes les fois qu'il pleut sur un sol gelé.

La *grêle* tombe en été aux heures les plus chaudes de la journée; elle précède souvent les orages et fait entendre un bruissement particulier. Aucune théorie n'explique suffisamment la formation de la grêle, l'électricité semble y jouer un rôle. On a vu des grêlons de la grosseur d'un œuf de perdrix et pesant de 2 à 300 grammes. En quelques instants la grêle détruit les plus belles promesses de la saison et jette la désolation dans les campagnes; heureusement qu'elle ne tombe pas d'ordinaire sur une grande étendue du territoire.

Les météores aqueux ne sont possibles que dans les régions inférieures de l'atmosphère, où l'air est plus chaud et plus doux ; car sans chaleur, pas d'humidité possible dans l'air, et par conséquent, pas d'atmosphère. Quand on s'élève en ballon ou au sommet d'une haute montagne, on passe au delà de la région des nuages et on voit la tempête à ses pieds. A 8 ou 9.000 mètres, l'humidité nécessaire à la respiration n'existe plus, ou le peu qu'il y en a est en cristaux de glace ; la température descend à 60 degrés et plus au-dessous de 0 ; on est saisi par le froid, la pression de l'atmosphère ne fait plus équilibre aux fluides du corps et la vie s'arrête.

3° Météores électriques. — L'*éclair* est une lumière éblouissante projetée par l'étincelle électrique qui jaillit des nuages chargés d'électricité. La lumière des éclairs est blanche dans les basses régions de l'atmosphère ; mais dans les hautes régions où l'air est raréfié, elle prend une teinte violacée, comme l'étincelle de la machine électrique. Leur durée n'est pas d'un millième de seconde.

Le *tonnerre* est la détonation violente qui succède à l'éclair dans les nuées orageuses.

La *foudre* est la décharge électrique qui s'opère entre un nuage orageux et le sol.

Les aurores boréales. — On a fait de nombreuses hypothèses sur la cause des aurores boréales. Ces phénomènes remarquables qui apparaissent fréquemment aux deux pôles terrestres, exercent de si grandes perturbations sur les boussoles, qu'on les attribue à des courants électriques qui se dégagent des pôles vers les hautes régions de l'atmosphère.

4° Météores lumineux. — Les météores lumineux sont dus à la lumière, comme *l'arc-en-ciel, les halos;* ou à la gravitation, comme les *étoiles filantes, les aérolithes,* etc. Il en sera question ailleurs.

Depuis que les différentes parties du monde sont mises en communication rapide par les fils télégraphiques, on peut, d'un hémisphère à l'autre, annoncer la marche d'une tempête, d'un cyclone ; indiquer les vents probables, et présumer du temps qu'il fera un peu à l'avance. Mais il y a loin de là à des prévisions certaines; la science ne sait encore que peu de choses des lois qui régissent l'atmosphère et président à la formation des météores, toujours si variables dans leurs mouvements, et dont les effets sont si souvent imprévus.

Applications de la chaleur.

Évaporation. Ébullition. Distillation. — Un liquide exposé à l'air laisse dégager lentement des vapeurs, et finit par disparaître, en laissant à l'état de dépôt ou de cristallisation les matières qu'il tenait en dissolution : c'est par évaporation qu'on fait sécher le linge, épaissir les jus et les sirops; qu'on obtient le sel dans les marais salants. On dit aussi *volatilisation* pour les substances qui s'évaporent très facilement, comme l'éther. L'évaporation ne se fait jamais sans refroidissement, car elle n'a lieu qu'à l'aide de la chaleur, dont elle s'empare pour se produire, d'où les frissons au sortir d'un bain même chaud, le danger de porter des vêtements humides, de rester dans les courants d'air si l'on est en transpiration. Un linge mouillé, entourant une bouteille, rafraîchit la boisson qu'elle contient; les alcarazas poreux entretiennent la boisson fraîche, par une évaporation constante. L'air retarde l'évaporation, par sa pression et son peu de conductibilité ; mais elle a lieu instantanément dans le vide, et elle absorbe, pour produire l'état gazeux, une telle quantité de chaleur, qu'elle abaisse la température au-dessous de 0. En présence de substances volatiles, l'eau se congèle, le mercure devient solide.

Les vapeurs se distinguent des gaz permanents, en ce qu'elles reviennent facilement à l'état liquide par refroidissement.

Par *l'ébullition* ou évaporation à température fixe, les vapeurs se dégagent rapidement de toute la masse liquide élevée à une température qui varie selon la nature des liquides ; mais qui est constante

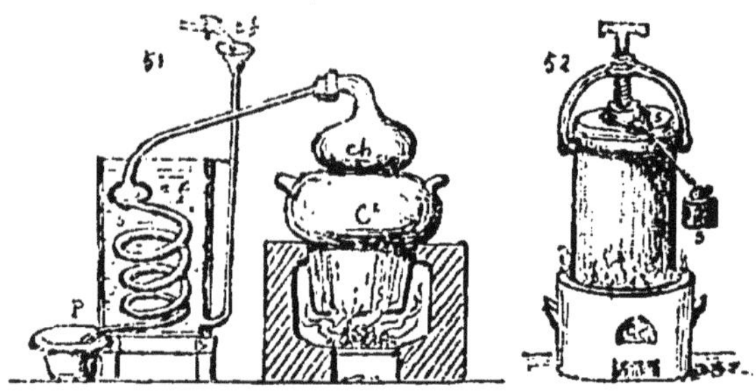

pour chacun d'eux, sous la même pression atmosphérique.

La pression de l'air fait obstacle à l'ébullition, et l'eau bout à moins de 100° sur les montagnes, où la pression est inférieure à 0.76. Sur certains sommets, on ne mange les viandes que rôties, l'ébullition n'étant pas assez chaude pour les cuire.

La température d'ébullition dépend : 1° de la nature du liquide ; 2° de la pression atmosphérique ; 3° de la nature du vase ; 4° des choses tenues en dissolution. Ainsi l'alcool bout à 78°, l'eau à 100°, le mercure à 300°, le soufre à 400°, etc.

La *distillation* est une opération par laquelle on réduit les liquides en vapeur à l'aide de la chaleur,

pour les faire retomber ensuite à l'état liquide par
le refroidissement. Elle a pour but de purifier les
liquides en les séparant des substances qu'ils tiennent
en dissolution. Les *alambics*, dans lesquels s'opère la
distillation, se composent d'une *cucurbite c*, sorte de
pot ventru dans lequel chauffe le liquide; du *chapi-
teau ch*, où se rend la vapeur, et du *serpentin s*, tube
contourné plongeant dans l'eau froide et dans lequel
la vapeur est ramenée à l'état liquide (fig. 51). C'est
par distillation qu'on purifie l'eau, que l'alcool
s'échappe des matières sucrées en fermentation, que
les essences sont séparées des substances moins volatiles dans lesquelles elles se trouvent. Par exception,
le camphre se volatilise à froid.

Dans un vase complètement fermé, comme la
chaudière à vapeur, l'ébullition ne peut se produire;
car la température du liquide s'élevant à mesure
qu'on le chauffe, la vapeur qui se forme acquiert
une grande tension, qui s'oppose à l'ébullition. On
le démontre par la *Marmite de Papin*, dans laquelle la
vapeur soulève une soupape malgré l'énorme poids
qui y est appliqué à l'aide d'un levier (fig. 52).

Moteurs à vapeur. — La chaleur peut se transformer en force, de même que la force se transforme en
chaleur. Quand on chauffe l'eau contenue dans une
chaudière à vapeur, on convertit la chaleur en travail mécanique par l'intermédiaire de la vapeur, qui,
sortant de la chaudière, passe dans un cylindre où
elle pousse un piston destiné à donner le mouvement à tous les mécanismes d'un atelier.

Un moteur à vapeur comprend d'abord une *chaudière* ou *générateur* dans lequel s'engendre la vapeur;
ensuite une *machine*, mue par la vapeur, communi-
quant son mouvement aux mécanismes des ateliers,
à l'aide d'engrenages, de courroies, d'arbres de
transmission.

Chaudière à vapeur ou générateur. — On donne ce nom à un gros cylindre C en forte tôle, dont les pièces sont solidement clouées entre elles, par des rivets posés au rouge, et qui, en se refroidissant, serrent les pièces l'une contre l'autre assez fortement pour que ni l'eau ni la vapeur ne puissent s'échapper par leurs jointures (fig. 53). Ordinairement deux autres cylindres, moins gros, sont placés au-dessus du premier et communiquent avec lui : on les nomme à tort bouilleurs B, puisqu'ils ne bouillent pas. La flamme du foyer F passe trois fois sous les bouilleurs et la chaudière. Une plaque R, nommée registre, placée à l'entrée de la cheminée, en règle le tirage. A mesure que la vapeur s'en va par un tuyau V, qui la reçoit au point le plus élevé de la chaudière, là où elle est plus pure, un autre tuyau, allant jusqu'au fond de la chaudière, y amène de l'eau E et *l'alimente.*

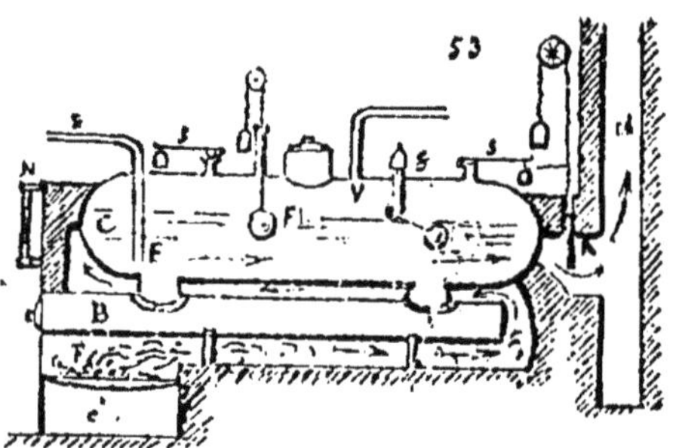

La tension de la vapeur peut faire éclater ces appareils, quand cette tension dépasse la force de la chaudière : ce qui peut arriver 1° lorsque des incrustations laissées par les eaux calcaires s'interposent entre la tôle et l'eau, de manière à arrêter sur la tôle la chaleur, qui l'endommage par un *coup de feu*; 2° lorsque, par l'abaissement du niveau de l'eau dans la chaudière, la tôle, ne conduisant plus à l'eau la chaleur qu'elle reçoit, s'échauffe elle-même, s'endommage et s'affaiblit. Si, étant surchauffée, la vapeur reçoit brusquement une grande quantité d'eau, que l'excès de chaleur vaporise instantanément, la chaudière se déchire ; la vapeur, prenant subitement une grande force d'expansion, fait sauter l'atelier.

Pour prévenir ce danger (air qui rentre avec l'eau), on établit sur la chaudière : 1° un *flotteur* F, sorte de caisse reposant sur l'eau et surmontée d'une tige indiquant sur une règle le niveau d'eau ; 2° un *flotteur d'alarme*, boule creuse que la poussée de l'eau oblige à fermer un tube par où la vapeur agit sur un sifflet *s* dès que cette poussée n'existe plus ; 3° un *indicateur du niveau d'eau n*, mis en communication avec la chaudière soit de près soit à quelque distance ; 4° *les soupapes de sûreté ss*, sortes de bouchons maintenus sur une ouverture, par des poids en rapport avec la force reconnue et *timbrée* de la chaudière ; de telle sorte que, si la chaleur y acquiert une tension qui dépasse la résistance de la tôle, la vapeur peut soulever les soupapes et s'échapper. Une seule des deux soupapes doit avoir section suffisante pour que, quel que soit le feu, elle maintienne la tension au-dessous de la limite du timbre ; 5° les *manomètres* qui indiquent le degré d'expansion de la vapeur.

Manomètres. — On dit que la tension de la vapeur est égale à 1, 2, 3, 4, 5, 6 atmosphères, lorsqu'elle est assez forte pour faire équilibre à 1, 2, 3, 4, 5, 6 fois la colonne barométrique. En faisant arriver la vapeur V par un tube sur la cuvette d'un baromètre L, la vapeur faisant équilibre au mercure, on voit qu'elle exerce une pression égale à celle qu'exerçait l'atmosphère dont elle a pris la place. Si le tube barométrique est assez long pour porter plusieurs fois 76 centimètres de mercure, et que la vapeur y fasse toujours équilibre, on dira qu'elle est à une tension d'autant d'atmosphères. Le tube étant ouvert à son extrémité supérieure, la pression de l'air viendra s'ajouter à celle des colonnes barométriques, et on comptera une atmosphère en plus. Ce manomètre L est dit à *air libre* (fig. 54); il ressemble à un grand baromètre.

Pour plus de commodité, on emploie le *manomètre à air comprimé* (fig. 55). Un tube rempli d'air, ouvert à un bout et recourbé vers le bas, contient du mer-

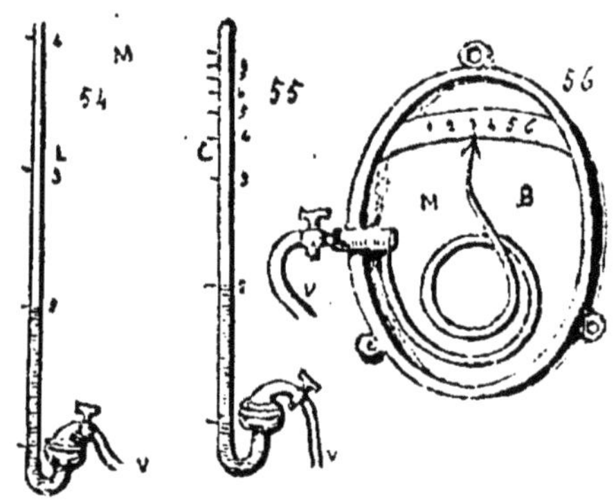

cure sur lequel la vapeur vient exercer sa pression au moyen d'un tuyau. Le mercure, placé entre l'air et la vapeur, comprime l'air en montant dans le tube, à mesure que la tension de la vapeur augmente, et l'on marque les divisions, par comparaison avec celles du manomètre à air libre. On remarque que l'air, étant élastique, résiste à la pression et se comprime de moins en moins, selon la loi de Mariotte.

On fait aussi usage du manomètre métallique de Bourdon, qui est fondé sur la dilatabilité et l'élasticité des métaux.

La vapeur arrive dans un tube contourné en spirale ; plus elle exerce de pression dans le tube, plus elle tend à le dérouler. Une aiguille fixée à l'extrémité de ce tube en suit les mouvements, et indique sur un cadran des divisions, obtenues par comparaison avec le manomètre à air libre (fig. 56).

Un bon chauffage, nécessaire à la sécurité, l'est aussi à l'économie. Le chauffeur qui jette beaucoup de charbon sur la grille du foyer produit beaucoup de fumée et chauffe mal, jusqu'à ce que tout le charbon soit embrasé. La fumée qui en résulte emporte une notable quantité de combustible perdu, avec les gaz et les matières emportées dans l'atmosphère.

Le feu, bien entretenu et alimenté à petites doses, brûle tout, charbon et gaz, et l'on ne voit pas de fumée sortir de la cheminée. C'est un fait d'expérience, même dans les foyers d'appartement : quand le feu est bien en train, un feu de charbon y produit une flamme chaude et vive qui résulte de la combustion des gaz, les mêmes que ceux qui servent à l'éclairage, et en outre de l'oxygène et l'hydrogène provenant de l'eau décomposée par la chaleur. La détonation qui a lieu est l'effet de l'inflammation subite de ces gaz mélangés et brusquement dilatés.

Chaudière tubulaire. — Les chaudières des locomotives et des locomobiles fournissent beaucoup de vapeur, tout en occupant peu de place. On est arrivé à ce résultat, en multipliant la surface de chauffe, c'est-à-dire en faisant passer le feu à travers l'eau par de nombreux tuyaux, qui portent en même temps la chaleur sur tous les points. On produit ainsi instantanément une grande quantité de vapeur. Ces perfectionnements ont aussi été apportés dans les chaudières des usines, elles sont traversées par des tuyaux donnant passage à la flamme (fig. 61).

L'emploi de la vapeur comme force motrice est

d'invention récente. On connaissait la vapeur depuis le commencement du monde, et on a pu bien des fois en constater la force élastique et expansive. Cependant il s'est passé près de six mille ans avant que l'homme ait songé à s'emparer de cette force pour la contraindre à faire mouvoir des mécanismes, à exercer une puissance qui rapproche les distances par les chemins de fer, dompte les vents et les flots de la mer et remplace des millions de bras dans l'industrie, où elle opère des merveilles.

L'avidité de l'homme ne voit dans ce don du ciel qu'un nouveau moyen de favoriser la richesse publique, mais la foi y reconnaît en même temps les moyens de gagner des âmes à Jésus-Christ. Grâce à la facilité des communications, la civilisation chrétienne pénètre partout; l'Évangile est annoncé sur tous les points du globe, et de grandes manifestations réunissent, des différentes nations de la terre, des milliers d'hommes accourus pour affirmer leur foi en quelque sanctuaire vénéré ou la défendre dans des réunions nombreuses.

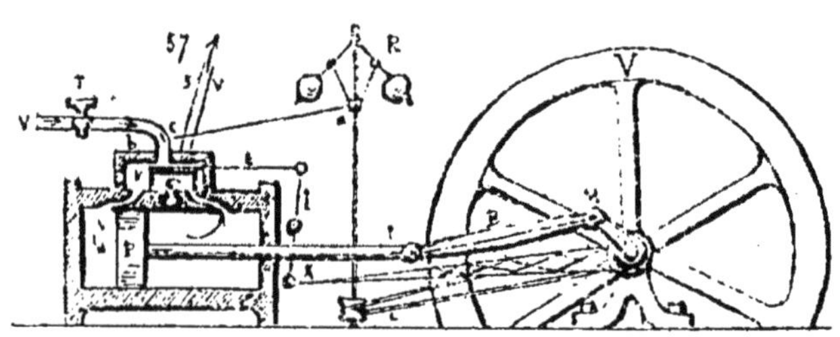

Machines à vapeur. — Une machine est un intermédiaire entre une force et un effet; le levier simple est une machine, et la machine la plus compliquée n'est qu'un ensemble de leviers. Dans les machines à vapeur, la force part de la chaudière avec la vapeur, et l'effet est dans le travail produit par les mécanismes (fig. 57) qu'elle met en mouvement. La vapeur, sortant de la chaudière, est amenée par un tuyau V dans un cylindre, où elle entre en traversant une *boîte b* dans laquelle se meut une pièce creuse, le *tiroir t*, qui en règle l'entrée et la sortie par les mouvements d'une excentrique x, tournant sur l'axe du volant et agissant sur un levier *l*. Un *piston* P, placé dans le cylindre, est poussé alternativement par la vapeur tantôt dans un sens, tantôt dans l'autre; il en résulte un va-et-vient rectiligne qui peut être déjà utilisé et faire mouvoir des mécanismes ; mais il est plus avantageux de le transformer en un mouvement circulaire continu, duquel on tire tous les autres. A cet effet, on attache au bout de la tige T du piston, une pièce appelée *bielle* B, articulée à l'un de ses bouts avec cette tige, et à l'autre avec la *manivelle* M d'une grande roue appelée *volant* V ; la bielle pousse la manivelle dans son mouvement circulaire à mesure qu'elle est poussée elle-même par la tige du piston, et le volant se met à tourner. Cette pièce dernière, par son inertie, modère l'action de la vapeur quand elle arrive trop abondamment ; y supplée quand elle arrive trop peu, et rend ainsi uniforme la marche de tous les mécanismes de l'atelier. Quant à ces mécanismes, le mouvement leur est transmis par des engrenages, des poulies et des courroies partant de l'arbre ou axe sur lequel tourne le volant. Le volant règle le régulateur.

Régulateur à force centrifuge (fig. 57). — Selon que le foyer est plus ou moins actif, la chaudière fournit plus ou moins de vapeur. Pour régulariser l'arrivée de cette vapeur, on met, dans le tuyau qui l'amène, une clef C, analogue à celle qui règle le tirage des poêles. Cette clef, appelée *valve*, ouvre ou ferme le passage de la vapeur, selon qu'il est besoin, au moyen d'une tige dont l'extrémité s'élève ou s'abaisse avec un anneau *a*, mû par le mouvement de deux boules tournant autour d'un axe. Quand la machine est au repos, les deux boules sont immobiles contre l'axe, et dans cette position la valve laisse libre l'admission de la vapeur. Dès qu'on ouvre le robinet de la vapeur, la machine se met en mouvement et fait tourner les boules. Comme leurs attaches sont articulées et jouent facilement, ces boules, par l'effet de la force centrifuge, s'écartent de l'axe à mesure que le mouvement de la machine s'accélère, et bientôt ce mouvement serait trop fort si, à mesure qu'elles s'écartent, les boules n'entraînaient avec elles l'anneau qui, en soulevant la tige de la valve, diminue peu à peu l'admission de la vapeur par l'inclinaison de cette valve.

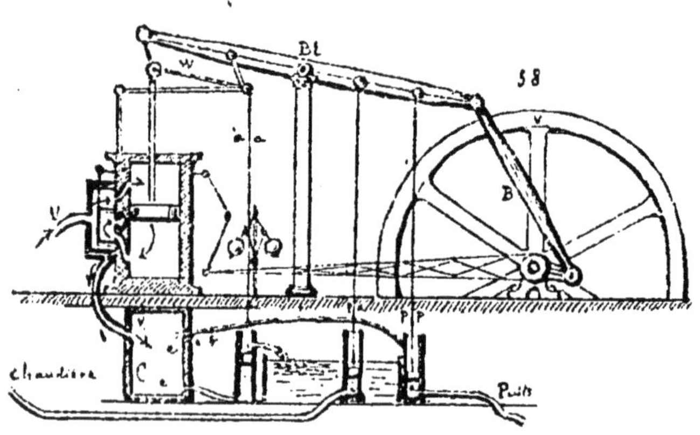

Condenseurs. — Pour s'échapper du cylindre, la vapeur doit soulever le poids de l'atmosphère, et la marche du piston en est retardée. On supprime cette dépense inutile de la force employée, en conduisant la vapeur V dans une caisse C où arrive un jet d'eau froide (fig. 58). L'eau ainsi obtenue est chaude, et il y a économie à l'envoyer dans la chaudière à l'aide d'une pompe. Cette condensation subite produit un vide en avant du piston, qui accourt le combler, en même temps qu'il est poussé dans le même sens par la vapeur, dont l'élasticité agit d'autant mieux qu'elle trouve moins de résistance du côté opposé du cylindre.

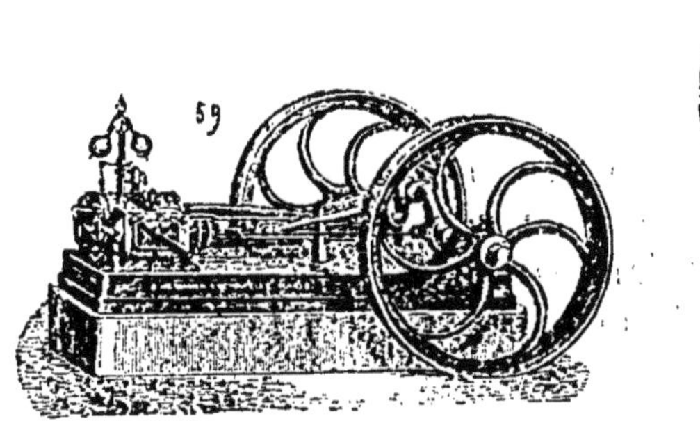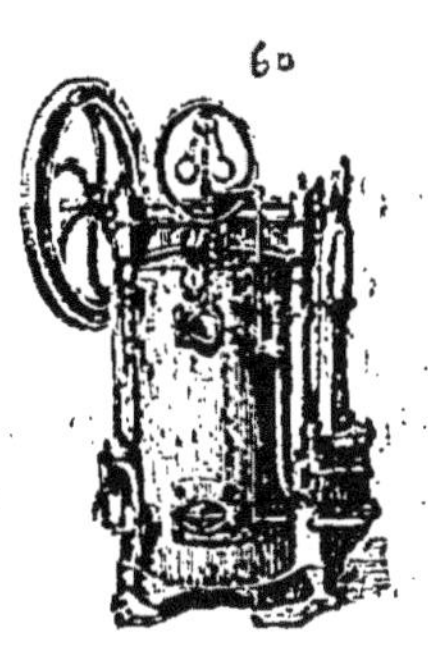

On nomme *machine horizontale* (fig. 59), celle dont le cylindre est posé horizontalement ; *machine verticale*, celle dont le cylindre est posé verticalement (fig. 60), ou machines en l'air, parce que le volant est en haut ; *machines à balancier* ou de Watt (fig. 58), les grandes machines de l'industrie dans lesquelles un énorme balancier mû à un bout par la tige du piston transmet le mouvement à la bielle par son autre bout. On voit sur la fig. 58 les tiges des pompes destinées à tirer l'eau d'un puits et à remplir la chaudière.

La *locomobile* est portée sur un chariot à quatre roues ; c'est une machine transportable. Elle se compose d'un gros cylindre qui est une chaudière tubulaire sur laquelle est installée une petite machine horizontale. On la conduit dans les champs pour faire mouvoir les machines à battre, à faucher, à labourer, pour faire mouvoir des pompes d'épuisement, des scies, fabriquer du mortier, etc. Son volant sert de poulie et porte une courroie qui transmet le mouvement aux machines à mettre en action.

La *locomotive* est la plus étonnante des machines à vapeur (fig. 61); elle peut traîner 650.000 kilo-

grammes. Sa force et sa vitesse sont prodigieuses; elles dépassent à cet égard ce que ses inventeurs avaient pu rêver, et cela depuis l'invention des chaudières tubulaires qui permettent d'obtenir rapide-

ment 50 et même 100 fois plus de chaleur, c'est-à-dire de force qu'on en obtenait au début, et aussi depuis qu'on a eu l'idée de faire sortir par la cheminée du foyer la vapeur *r* qui s'échappe du cylindre.

Le passage violent de la vapeur par la cheminée détermine sur le foyer *f* un tirage d'une telle activité que le combustible y est entretenu au rouge blanc et chauffe très fortement. Les organes de la locomotive sont les mêmes que ceux des autres machines; comme la locomobile, elles les porte sur sa chaudière et en double pour plus d'effet. Comme elle repose sur son volant R, elle avance ou recule selon que le volant est dirigé dans un sens ou dans l'autre; les autres roues *rr* ne servent qu'à supporter la locomotive qui peut peser 25.000 et même 40.000 kilog. C'est cet énorme poids qui fait adhérer suffisamment les roues sur les rails.

Cheval-vapeur. — L'unité du travail mécanique est le kilogrammètre, qui est le travail nécessaire pour élever 1 kilogramme à 1 mètre de hauteur en 1 seconde. Le travail nécessaire pour en élever 75 représente la force d'un cheval-vapeur, qui est à peu près double de celle d'un cheval ordinaire. De sorte qu'une machine de la force de 60 ou 100 chevaux-vapeur fait le travail de 120 ou 200 chevaux ordinaires, et d'une façon continue, alors que les chevaux doivent se reposer.

Dans les bateaux à vapeur, la machine fait tourner une hélice, qui avance dans l'eau comme un tire-bouchon, et des roues à palettes battant l'eau à la manière des rames.

Les ouvriers ont toujours considéré les machines d'un œil jaloux, les croyant destinées à les remplacer et par suite à les priver de leurs moyens d'existence. Il faut convenir que le mauvais vouloir de certains d'entre eux a poussé plus d'une fois le génie de l'invention à trouver le moyen de s'affranchir de leurs exigences. Mais ils doivent aussi reconnaître que c'est surtout la concurrence à soutenir, le besoin de produire à bon marché, qui a porté les inventeurs à substituer les forces puissantes et multiples de la mécanique aux forces très limitées de l'homme et des animaux. Avant l'emploi des engins divers que l'on a aujourd'hui, des milliers d'hommes étaient sacrifiés aux grands travaux : on se rappelle que les Égyptiens y avaient trouvé un des plus sûrs moyens d'anéantir la race des Hébreux, et de tous les temps les plus rudes travaux ont été réservés aux coupables condamnés à l'expiation. Aujourd'hui l'homme dirige les mécanismes, y apporte le complément nécessaire à leur bon fonctionnement ; il lui reste la part du travail intelligent, moins rude et plus conforme à sa dignité.

Si, à certaines époques et en quelques pays, il arrive de la gêne, des souffrances et de la misère, ce n'est pas à l'emploi des machines que l'ouvrier doit s'en prendre : les briser est toujours un acte aussi stupide que criminel, mais c'est à l'erreur qui porte les ouvriers à quitter leur état pour se jeter dans un autre où l'on gagne davantage, sans se demander s'il en sera longtemps de même. Combien d'ouvriers qui eussent vécu heureux à la campagne en faisant valoir leur petit héritage, en aidant à la culture, en gardant la sobriété et la simplicité, et qui sont venus gagner de gros salaires pour ne trouver en fin de compte que la maladie et la misère, la perte de leur bonheur avec celle de leur innocence! Il importe plus de bien vivre que de dépenser beaucoup. D'ailleurs les machines forceront bien un jour l'ouvrier à rester aux champs.

Appareils de chauffage. — On distribue la chaleur dans les appartements : 1° par le chauffage direct, comme dans les cheminées et les poêles ; 2° par le chauffage à l'air chaud ; 3° par le chauffage à la vapeur ; 4° par le chauffage à circulation d'eau chaude.

Les *cheminées* ouvertes offrent le mode de chauffage le plus imparfait, car elles n'utilisent avec le bois qu'environ 6 pour 100 de la chaleur totale dégagée, et 13 pour 100 avec le coke et la houille, le reste étant emporté dans l'atmosphère par le tirage. Mais ce mode est le plus agréable et le plus sain, par la présence du feu et par le renouvellement de l'air dans les appartements. Même en l'absence du feu, les cheminées sont un moyen avantageux d'aération : il doit y en avoir dans les chambres à coucher et surtout dans les chambres des malades.

Les tuyaux de cheminée ne doivent être ni trop courts, ni trop longs, ni trop étroits, ni trop larges. Trop courts, ils n'ont qu'un faible tirage, la densité de l'air n'étant guère moindre à leur sommet qu'à leur base : cinq mètres au moins sont nécessaires. Trop longs, ils s'opposent à l'élévation de la colonne d'air chaud en la laissant refroidir à leur sommet et en retardant trop longtemps, par le frottement, son ascension dans l'atmosphère. S'ils sont trop étroits, la chaleur n'y est pas assez abondante pour déterminer le tirage. Ils s'échauffent trop lentement aussi quand ils sont trop larges : il s'y établit des courants opposés qui ramènent la fumée dans l'appartement. Un tuyau conique au sommet de la cheminée laisse moins de passage à la pluie et détermine dans la sortie de la fumée une vitesse qui résiste à l'action du vent et soulève mieux l'atmosphère.

Le chauffage par les *poêles*, placés d'ordinaire au milieu des appartements, est le plus avantageux; on y utilise presque les 9/10 de la chaleur dégagée; mais il est le moins salubre, parce qu'il ne renouvelle l'air que très imparfaitement, et que la fonte chauffée ou rougie le vicie par la combustion des matières organiques qui s'y trouvent et la production d'une certaine quantité d'oxyde de carbone.

Le *chauffage à air chaud* s'obtient en chauffant de l'air, soit dans de gros tuyaux, soit dans des cavités en maçonnerie au-dessous desquelles on place une sorte de poêle, et en conduisant l'air ainsi chauffé dans les appartements, au moyen de tuyaux et de bouches de chaleur. Ce mode de chauffage est souvent insalubre.

Le *chauffage par la vapeur* s'établit facilement partout où existe un générateur ; il suffit d'une prise de vapeur, même au dehors, au moyen de tuyaux que l'on fait circuler dans le bas des appartements, etc. Il ne renouvelle pas l'air.

Le *chauffage à circulation d'eau chaude* s'obtient par une circulation d'eau partant d'une chaudière, s'élevant dans des tubes et revenant à la chaudière, après avoir traversé les appartements. Ce mode de chauffage, très coûteux, produit une température constante, l'eau ne se refroidissant que lentement ; car l'eau est le corps qui a la plus grande chaleur spécifique. Ce chauffage est employé dans les serres, les étuves, les séchages, les gares, l'éclosion artificielle des œufs, etc.

LA LUMIÈRE

Un des plus grands bienfaits de la divine Providence est certainement la lumière, qui nous permet de jouir du magnifique spectacle de la nature. Qu'y a-t-il de plus agréable à nos yeux que l'aspect des champs et des nuages baignés dans la splendide lumière d'une belle journée d'été ! Qui n'a admiré la richesse et la suavité des teintes de l'arc-en-ciel, le scintillement des étoiles et jusqu'à celui de la simple goutte de rosée plus pure que le plus pur diamant ! Qui dira la délicatesse et la variété des nuances répandues sur les fleurs, les reflets des rayons solaires dans la nue, qui porte sa masse légère vers des horizons lointains ! Quelle joie et quelle vie répand sur la terre l'apparition du printemps ! Et cet éclat n'est qu'une ombre à côté de la lumière éternelle ; ces splendeurs ne sont que les faibles images de celles où entrent ceux qui ont cherché, au-dessus de tout autre, la lumière de la vérité et de l'éternelle justice.

Qu'est-ce que la lumière ? C'est l'agent de la vision ; les objets ne sont visibles qu'autant qu'ils reçoivent de la lumière et la renvoient à nos yeux. C'est, dit-on, un fluide subtil impondérable, répandu dans tout l'univers, et qui se manifeste à notre vue par le fait des ondulations d'un milieu élastique et vibratoire appelé *éther*, à peu près comme le son nous est manifesté par les ondulations de l'air. La lumière existe donc indépendante du soleil et des flambeaux qui n'en sont que les excitateurs, et l'on comprend que, dans l'histoire de la création, il soit question de la lumière avant que le rôle du soleil soit indiqué. Ces vibrations de l'éther sont, dit-on, de cent mille lieues par seconde. Ce sont les mêmes qui nous donnent la chaleur.

Un corps est *lumineux* quand il emet de la lumière ; *diaphane* quand il la laisse passer, comme le verre, l'eau, les gaz ; *translucide* quand la lumière qui le traverse ne laisse pas distinguer les objets, comme le verre dépoli, le papier huilé ; opaque quand il s'oppose au passage de la lumière.

L'intensité de la lumière est, comme celle de la gravitation et celle de la chaleur, inversement proportionnelle au carré des distances. Pour le constater simplement, on se place durant la nuit dans une chambre où la lumière d'une pièce voisine ne peut entrer qu'à travers deux carreaux translucides de petite dimension. Si quelqu'un place derrière chacun de ces carreaux, et à la même distance, deux bougies, les carreaux sont également éclairés, mais si l'une des bougies est reculée à une distance double, ou triple, on voit que le carreau qu'elle éclaire reçoit 4 fois ou 9 fois moins de lumière que l'autre, parce que, pour maintenir sur le carreau la même intensité de lumière, il faut placer à ces distances 4 ou 9 bougies. On voit également que les lampes qui, placées aux mêmes points, fourniraient autant de lumière, seraient 4 fois ou 9 fois plus éclairantes qu'une seule bougie.

On donne le nom de *photomètres* à des appareils analogues, servant à mesurer la quantité de lumière fournie dans certaines conditions. Dans la figure 62, on indique le moyen d'apprécier l'intensité de lumière par celle de l'ombre *oo*, que porte, sur l'écran *e*, la baguette *b*.

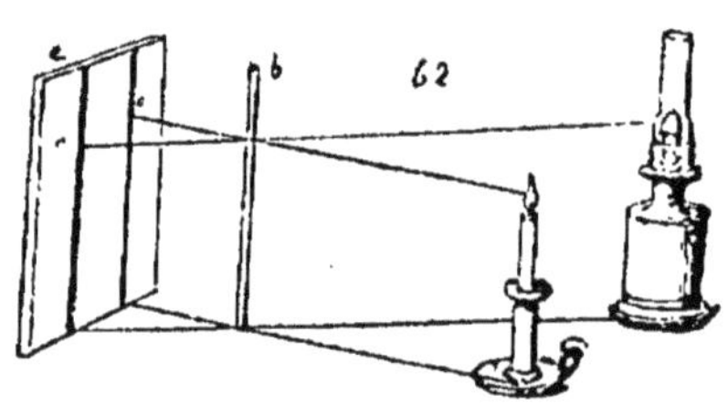

Réflexion de la lumière. — Un rayon de lumière tombant sur une surface polie, telle que celle de l'eau tranquille ou d'une glace, est renvoyé en faisant un angle de réflexion égal à l'angle d'incidence, ainsi qu'il a été dit pour le son et la chaleur. (*Voir* fig. 49 et 50.)

Miroirs plans. — Un miroir étant fixé au milieu d'un des côtés d'une salle, si on pose un flambeau à l'un des coins opposés de cette salle, pour voir l'image réfléchie par la glace, on devra se placer à l'autre coin, c'est-à-dire à l'endroit où arrive l'image du flambeau, après avoir frappé la glace. De là, l'image, bien que n'étant pas ailleurs que sur la glace, apparaîtra cependant en arrière d'autant que le flambeau est en avant, et sur le prolongement de la perpendiculaire menée du flambeau sur le mur qui est dans le plan de la glace (fig. 63). C'est le degré d'intensité de la lumière, en raison inverse du carré de la distance, qui nous fait voir, dans la profondeur du mur, ce qui en réalité n'est que sur la glace.

Le même phénomène se produit quand nous voyons les arbres renversés et comme plongés dans les profondeurs de l'eau, alors que leur image est simplement réfléchie par la surface liquide. C'est aussi à un effet de réflexion totale qu'il faut attribuer le *mirage*. Ce phénomène que l'on observe fréquemment dans les pays chauds, et particulièrement dans les plaines sablonneuses de l'Égypte, est dû à la différence de densité des couches d'air. Le sol forme miroir et présente l'aspect d'un lac tranquille où se réfléchissent les arbres et les villages environnants. Quand un objet se trouve placé entre deux glaces parallèles, on voit l'image se répéter à l'infini des deux côtés, toujours en reculant et en diminuant d'intensité ; des glaces posées d'angle donnent lieu aussi à d'intéressantes observations sur les lois de la réflexion.

De même que la chaleur, la lumière est en partie réfléchie, en partie éparpillée.

Les surfaces dépolies brisent la lumière et la renvoient dans tous les sens, éclairer l'air et les poussières.

Cette *diffusion* de la lumière permet de voir les objets situés dans l'ombre et hors de la direction des rayons lumineux ; elle produit aussi des effets harmonieux et agréables à l'œil ; les artistes en tiennent compte et mettent dans la teinte d'un objet des nuances réflétées par les objets voisins ; les étalagistes disposent les étoffes de manière que leurs reflets mutuels ajoutent à leur éclat, les modistes approprient les ajustements de la toilette à la couleur du visage, etc. Les corps blancs réfléchissent bien la lumière, les corps noirs l'éteignent.

L'atmosphère réfléchit, éparpille et concentre la lumière, de même qu'elle accumule la chaleur : il fait plus clair dans les vallées que sur le sommet des montagnes. En haut, le fond du ciel est noir. Sur la lune, qui n'a plus d'atmosphère, il ne doit y avoir que des lumières et des ombres absolues sans pénombre.

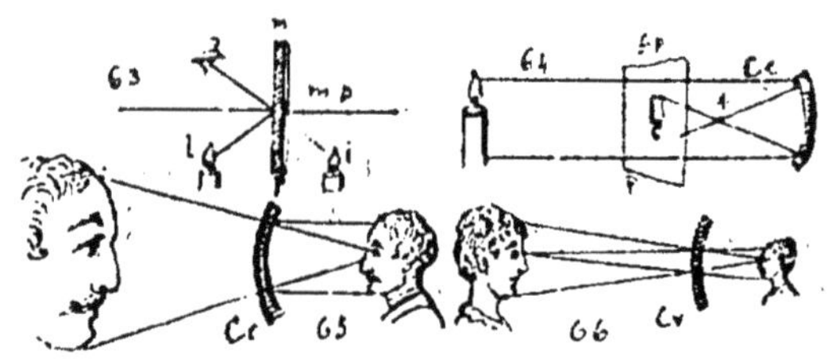

Miroirs sphériques. — Ces miroirs sont formés par des calottes sphériques analogues aux verres de montre (fig. 65). Quand la réflexion a lieu à leur intérieur, ils sont dits *miroirs concaves* et *convexes* dans le cas contraire (fig. 66). Une cuiller d'argent présente les effets des uns et des autres : à l'intérieur on y voit l'image renversée ou droite et très grossie selon qu'on s'en éloigne ou qu'on s'en approche ; à l'extérieur, l'image est droite et réduite comme sur les boules de jardin. Dans tous, la réflexion a lieu selon l'incidence ; mais les rayons de lumière n'étant plus réfléchis parallèlement, comme dans les miroirs plans, les images sont déformées, agrandies, réduites, retournées selon les cas. Les miroirs concaves renvoient tous les rayons en un point *f*, qui devient ainsi très lumineux et qu'on appelle foyer. Ces rayons, se croisant au foyer, renversent l'image qui

s'agrandit à mesure que les rayons s'écartent (fig. 64).
Si on place une lumière entre le foyer et le miroir,
ses rayons sont réfléchis dans tous les sens ; elle paraît droite et très agrandie, une personne s'y voit
avec des traits agrandis, de là les miroirs à barbe
(fig. 65). Les miroirs convexes ne donnent que de
petites images, parce que leur surface renvoie tout
autour d'elle les rayons qu'elle reçoit, et qu'un petit
nombre de ces rayons reviennent à l'œil y apporter
l'image (fig. 66). Le même phénomène a lieu quand
on se voit allongé et resserré sur la surface cylindrique d'une bouteille, les plants fuyants déforment
l'image.

C'est avec des miroirs concaves, dit-on, qu'Archimède incendiait la flotte ennemie ; et Buffon a pu
enflammer du bois goudronné à une distance de 70
mètres. Le foyer est plus ou moins éloigné selon que
le miroir est plus ou moins concave. On se sert de
ces miroirs comme réflecteurs quand on veut éclairer
de longs corridors. Il en est aussi de forme parabo-
lique qui réfléchissent parallèlement les rayons lumineux. (*Voir la* fig. 50.)

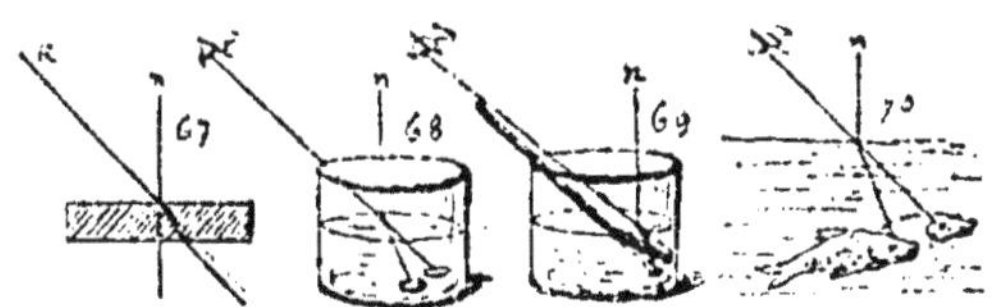

Réfraction de la lumière. — Le poisson qui
apparaît dans l'eau n'est pas où on le voit, et le
chasseur qui le viserait en ligne droite ne l'attein-
drait pas ; il faut tirer au-dessous (fig. 70). Un bâton
droit, plongé en partie dans l'eau, paraît brisé à
l'endroit où il baigne (fig. 69.) Le fond d'une cuvette,
que l'on n'aperçoit pas à quelque distance, apparaît

comme remonté si de l'eau est versée dans la cuvelle, et une pièce de monnaie (fig. 68), placée au fond, est vue alors qu'elle ne l'était pas auparavant, parce que la lumière, partant de la pièce, ne va pas directement à l'œil, mais monte à travers l'eau en se rapprochant de la normale *n*, perpendiculaire à la surface de cette eau, puis s'en écarte pour aller à l'œil qui voit la pièce, non où elle est, mais au bout du rayon qui lui en apporte l'image.

On énonce ce phénomène en disant que *la lumière change de direction en passant d'un milieu dans un autre de densité différente :* ainsi l'air, l'eau, le verre n'ont pas la même densité; un rayon de lumière qui frappe obliquement une lame de verre (fig. 67), la traverse, non en continuant directement, mais en se brisant pour rapprocher sa direction de celle de la perpendiculaire à la surface du verre; un rayon solaire tombant sur l'eau à travers un feuillage obscur se brise de même en s'enfonçant dans le liquide plus dense que l'air. Les rayons du soleil entrant dans notre atmosphère, qui est plus dense que la matière éthérée située au delà, se réfractent, et, à mesure qu'ils entrent dans les couches d'air plus denses, ils se rapprochent de la perpendiculaire de plus en plus (fig. 71). Il en résulte que tous les rayons solaires qui atteignent les couches atmosphériques, jusqu'à leurs dernières limites, sont dirigés vers la terre et y apportent une plus grande somme de lumière et de chaleur; il en résulte aussi que nous voyons le soleil avant qu'il soit à l'horizon le matin et le soir, alors qu'il n'y est plus, parce que nous le voyons en ligne droite au bout du rayon qui nous l'apporte et non où il est réellement. C'est à cette réfraction que les habitants du pôle doivent la lumière dont ils jouissent, et c'est la diffusion de cette lumière qui produit le crépuscule.

Lentilles. — La lumière qui éclaire une carafe ronde pleine d'eau, un presse papier, *converge* en un point opposé et peut s'y trouver concentrée en quantité suffisante pour mettre le feu à une table de bois (fig. 72). On sait qu'à l'aide d'une loupe on enflamme promptement les objets par la lumière solaire. Des lentilles de glace ont pu servir à allumer du feu dans les régions polaires. Une loupe est une lentille *biconvexe* (fig. 72 et 73); la lumière qui la traverse *converge* et se concentre en un point appelé *foyer* très lumineux et très chaud, si la lumière y arrive directement du soleil. Ces lentilles grossissent l'image de tout objet placé entre elles et leur foyer, parce que cette image apparaît au bout des rayons qui l'ap-

portent dans l'œil, et que ces rayons forment par leur convergence un angle visuel très ouvert (fig. 75).

Si l'objet regardé est au delà du foyer, on voit de l'autre côté de la lentille l'image de l'objet réduite et renversée (fig. 77), parce que les rayons qui 'a portent se sont croisés au foyer et que ceux qui étaient en haut passent en bas. Il est facile de reconnaître ces phénomènes à l'aide d'une loupe et d'une bougie en recevant les images, tantôt dans l'œil, tantôt sur une feuille de papier blanc. Une théorie scientifique ne peut trouver place ici.

Le fond d'un verre à boire est une lentille *biconcave* (fig. 74 et 76). Quand on regarde les objets à travers ces lentilles, ils paraissent plus petits, parce que l'œil ne peut recevoir qu'une portion des rayons émis, les autres étant disséminés et perdus par la divergence que produit la réfraction ; de même que, dans la réflexion des miroirs convexes, la réduction des images résulte du peu de rayons bons à l'œil. Dans la figure 75, la flèche en *o* est l'objet regardé, la flèche *i* en est l'image agrandie ; dans la figure 76, on voit l'effet contraire en *o* et en *i*.

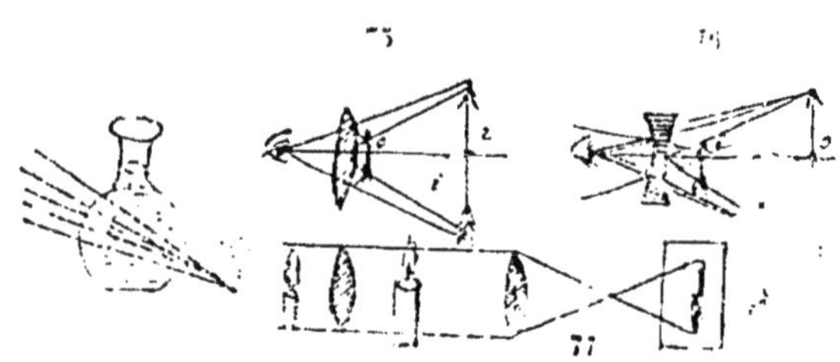

Lanterne magique. — Elle consiste en une seule grosse lentille bi-convexe derrière laquelle on fait passer des dessins transparents fortement éclairés par une lampe, dont les rayons sont tous ramenés sur ces dessins par un miroir réflecteur et par une lentille plan-convexe (fig. 73 *bis*). La lumière de la lampe transporte ces images agrandies et renversées sur un écran. Si, à la place de la lampe, on met une lumière électrique beaucoup plus puissante et qu'on se serve de lentilles spéciales, on a le *microscope photo-électrique* qui permet de voir, sur l'écran, l'image ou l'ombre d'êtres vivants dont on ne soupçonnait pas l'existence parce qu'ils sont d'une extrême petitesse.

Instruments d'optique. — Le *microscope* sert à considérer les objets de petite dimension. Le plus simple n'est autre chose qu'une loupe ; il y en a qui comportent deux et même trois lentilles, chacune amplifiant les images déjà grossies par les autres. Il en est où l'image est grossie 360.000 fois (fig. 77 *bis*).

Dans le *microscope-solaire*, une puce paraît avoir la grosseur d'un bœuf, et un peu de liquide laisse voir des êtres vivants de formes étranges.

Les *télescopes*, les *lunettes* sont des instruments qui amplifient les images par des combinaisons de lentilles de toutes formes et des miroirs sphériques.

Les télescopes, qui servent à considérer aussi des objets de loin, ont été construits, grâce à de savantes applications de la réflexion et de la réfraction de la lumière; c'est à l'aide de ces puissants instruments qu'on a pu observer le cours des astres, en calculer les dimensions, la vitesse, etc.

Les combinaisons de puissants réflecteurs et d'énormes lentilles produisent des résultats merveilleux, puisqu'ils permettent de reconnaître sur les planètes les terres, les mers et mêmes les nuages.

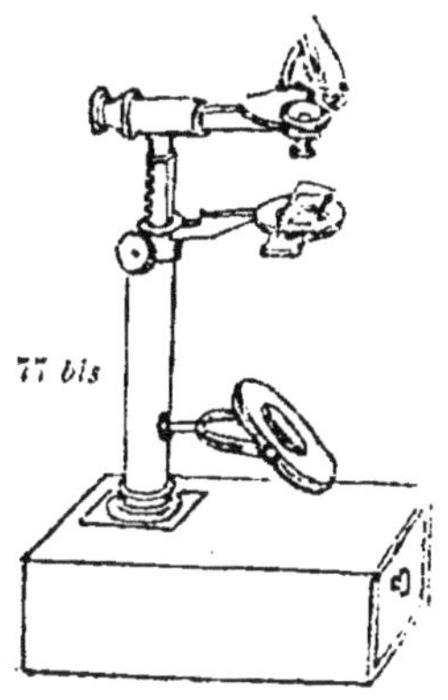

Microscope simpl'.

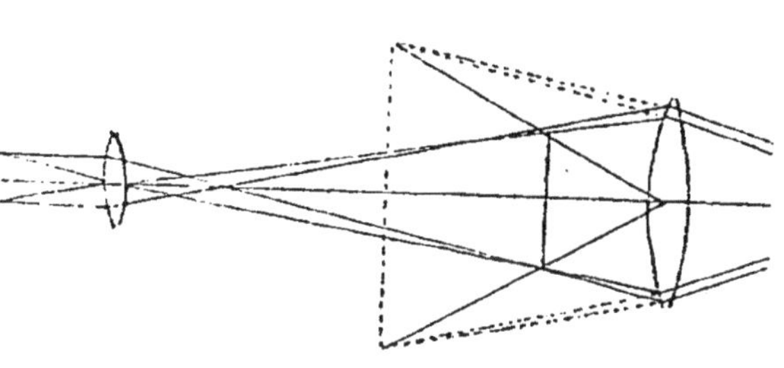

Vision par le microscope.

Chambre obscure. — Si, de l'intérieur d'un appartement peu éclairé, on regarde les images qui se forment sur le verre dépoli d'un stéréoscope, dont les oculaires sont dirigés vers les objets éclairés du dehors, on voit ces images renversées, parce qu'elles ont traversé des lentilles convergentes. Un miroir, recevant par un trou, au fond d'une boite obscure, un

paysage, le reproduit renversé et coloré (fig. 78). On
a longtemps cherché à fixer ces images sans y réus-
sir. Aujourd'hui on peut déjà en fixer les contours,
les ombres et le relief, en les faisant arriver sur une
substance, que l'action de la lumière noircit plus ou
moins, selon qu'elle y arrive en plus ou moins grande
quantité. C'est la *photographie* ou le tracé par la
lumière. Mais on n'a pu jusqu'à présent y fixer les
couleurs.

Dans la chambre obscure, les images se produisent
avec leurs couleurs, parce que la lumière diffuse n'y
pénètre pas, et que le verre dépoli n'est que translucide. Ainsi en est-il de l'œil, dont les parois internes
étant noires ne sont pas réfléchissantes, et laissent
les rayons venant du dehors entrer avec toute leur
pureté.

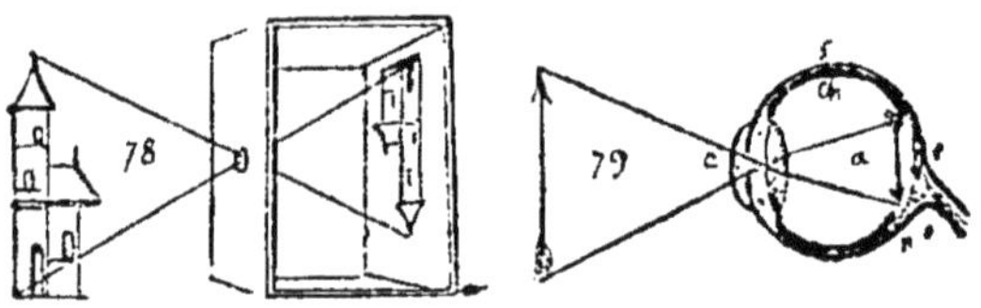

L'œil est aussi un instrument d'optique, d'une
construction si admirable et si compliquée que les
plus savantes théories n'en donnent pas d'explication satisfaisante (fig. 79). Situé dans une cavité
osseuse nommée orbite, l'œil y est maintenu tout
autour par des muscles qui servent à le mouvoir et
par les paupières. Tout en avant se trouve la *cornée c*
transparente, ayant l'apparence d'un verre de montre
et protégeant l'œil par sa dureté. La *sclérotique s*
membrane blanche, qui avec la cornée enveloppe
toutes les parties constituantes de l'œil. Elle présente
à la partie antérieure une ouverture à peu près circulaire, dans laquelle est enchâssée la cornée ; elle

est perforée à la partie postérieure pour donner passage au nerf optique. *L'iris i*, de couleurs diverses, entoure un trou noir, la *pupille p*, par laquelle la lumière entre dans l'œil en traversant un liquide transparent, *l'humeur aqueuse a*. La pupille se contracte sous l'influence d'une vive lumière ; elle se dilate au contraire dans l'obscurité. A l'intérieur et en avant se trouve le *cristallin*, sorte de lentille biconvexe, que les rayons lumineux traversent en se réfractant et en se croisant, pour porter l'image sur la *rétine r*, qui s'épanouit au fond de l'œil, d'où l'impression de la vision arrive au cerveau, par le nerf optique *o*. En arrière du cristallin se trouve *l'humeur vitrée v* transparente et réfringente. L'intérieur de l'œil est tapissé par une membrane noire appelée *choroïde ch*, destinée à éteindre toute réflexion pouvant nuire à la netteté des images formées sur la rétine.

Quand on place une bougie en face d'un œil de bœuf, rendu transparent, on voit sur le fond de l'œil l'image renversée de la bougie. Il faut en conclure que la lumière se comporte derrière le cristallin comme dans les lentilles convergentes ; mais les objets sont vus droits, parce que nous les voyons au bout des rayons qui nous en apportent l'impression, c'est-à-dire à leur place véritable. Bien que l'image des objets soit reçue en double, puisque nous avons deux yeux, nous n'avons l'impression que d'une seule au cerveau, parce que les axes des yeux sont disposés à cet effet et qu'une image est comme appliquée sur l'autre.

En effet, si l'on change la direction de l'axe d'un œil par une légère pression, on voit deux images, les axes n'aboutissent plus au même point ; pour la même raison, un objet regardé de trop près paraît double. C'est la direction des axes vers un point unique qui, dans le *stéréoscope*, amène la superposition des deux images pour n'en former qu'une seule dans le lointain et marquer la distance et le relief des objets.

Myopie. — *Bésicles à verres concaves.* — La myopie résulte ordinairement d'une trop grande convexité de la cornée et du cristallin ; l'œil étant trop convergent, l'image, au lieu de se produire sur la rétine, se fait trop tôt et en avant. De là, la nécessité pour les myopes d'approcher les objets de l'œil, afin d'y apporter des rayons divergents qui font reculer l'image jusque sur la rétine, ou d'employer des verres de bésicles divergents.

Presbytisme. — *Bésicles à verres convexes.* — Le presbytisme se produit alors que l'œil vieilli et fatigué n'est plus assez convergent ; les rayons qui apportent l'image des objets se rencontrent en arrière de la rétine. On remédie à cette infirmité en faisant usage de verres convexes qui rapprochent les rayons avant leur entrée dans l'œil et ramènent la convergence vers la rétine.

Décomposition de la lumière.

Spectre solaire. — Quand on fait passer un rayon de soleil à travers un prisme triangulaire de cristal (fig. 80), ce rayon, en se réfractant, se décompose en sept autres rayons, qui se groupent selon l'ordre suivant : *violet, indigo, bleu, vert, jaune, orangé, rouge ;* les mêmes que l'on voit dans l'arc-en-ciel, dans les jets d'eau, les gouttes de rosée, les pendentifs des lustres, les morceaux de verre taillé exposés aux rayons de soleil, toutes les fois que les deux surfaces de l'entrée et de la sortie de la lumière ne sont point parallèles. L'ordre de ces rayons résulte du degré de réfrangibilité de chacun d'eux ;

ainsi le violet est le plus réfrengible, le rouge l'est moins et la forme du prisme les sépare ce qui n'aurait pas lieu dans un verre à faces parallèles.

Si on fait arriver ces rayons sur un miroir concave, leur convergence au foyer reproduit de la lumière blanche ; à travers une lentille bi-convexe, ils recomposent également cette lumière au foyer ; un disque, portant à sa surface les sept couleurs du prisme et tournant rapidement, produit aussi sur la rétine l'effet de la lumière blanche.

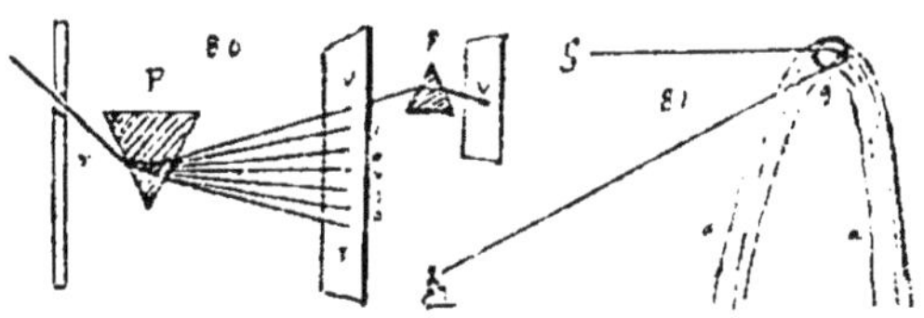

Si l'on fait passer un seul de ces rayons à travers le prisme, il ne se décompose pas (V P V, fig. 80).

Arc-en-ciel. — Aux heures où le soleil est peu élevé au-dessus de l'horizon, si l'on considère une goutte de rosée recevant un rayon de lumière, on y voit les sept couleurs du prisme, parce que la lumière se réfracte dans cette goutte d'eau, s'y décompose et nous est renvoyée par la réflexion de la surface interne de cette goutte. Pareil effet se produit dans les gouttes des nuages qui se résolvent en pluie et dans les jets d'eau. Chaque gouttelette produit l'effet d'un prisme (fig. 81), et de leur ensemble résulte *l'arc-en-ciel.* L'arc est d'autant plus élevé que le soleil est plus bas, et produit toujours du côté opposé. Quelquefois, un deuxième arc-en-ciel enveloppe le premier par réflexion ; les couleurs, moins brillantes, y sont disposées dans un ordre inverse, comme dans toute réflexion.

Pour se rendre compte de cette réflexion à l'inté-

arriver ainsi à en donner une explication. Quand on frotte à sec et fortement avec un chiffon de laine ou une peau de chat, soit un tube de verre, soit un bâton de soufre ou de résine, soit même un morceau de caoutchouc ou de papier, on les électrise; un seul des deux éléments s'y fixe pendant que l'autre s'écoule vers le sol, où se trouvent indéfiniment les deux fluides à l'état neutre, quelquefois séparés. Si, étant dans l'obscurité, on approche le doigt de l'objet électrisé, on voit jaillir un petit éclair, et un bruit sec se fait entendre : c'est la foudre en petit. Si on en approche des corps légers, ils sont entraînés par le fluide contraire qui accourt.

L'élément qui se fixe sur le verre est appelé fluide *vitré* ou *positif;* et celui qui se fixe sur la résine, fluide *résineux* ou *négatif.* Un morceau de métal s'électriserait également, mais ne garderait pas son électricité comme le verre et la résine, qui, étant mauvais conducteurs, n'amènent pas le fluide contraire.

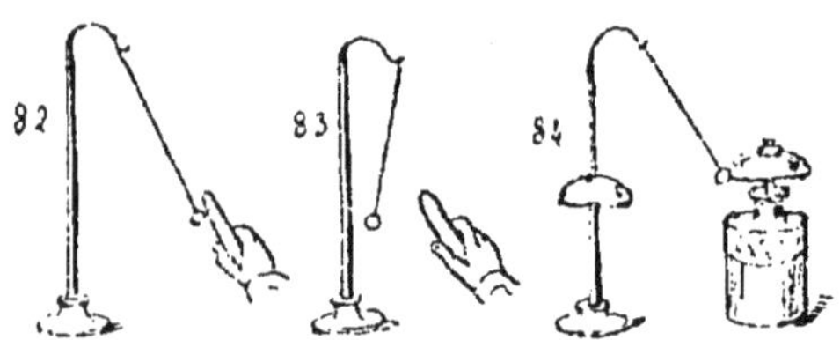

Pendule électrique. — Une petite boule de moelle de sureau étant suspendue à un fil de soie, qui l'isole, si on en approche un bâton de verre électrisé, le fluide vitré attire à lui le fluide contraire de la boule; celle-ci est entraînée par le mouvement et vient toucher le bâton (fig. 82). Mais elle est repoussée dès qu'elle a abandonné son électricité contraire et qu'elle n'a plus que l'élément conforme à celui du

bâton de verre (fig. 83). Pareille chose se passe
avec le bâton de résine : on en conclut que *les élec-*
tricités de nom contraire s'attirent et que les électricités
de même nom se repoussent.

En plaçant un timbre sur le pendule et en l'ap-
prochant d'une bouteille de Leyde électrisée portant
aussi un timbre, on produit une *sonnerie électrique*
(fig. 84). La balle, attirée par la bouteille, lui cède
son électricité contraire et se trouve électrisée sem-
blablement. Alors elle est aussitôt repoussée vers
l'autre timbre, où elle trouve l'élément opposé,
qu'elle va de nouveau porter sur la bouteille, qui
l'attire, puis la renvoie ainsi, tant que cette bouteille
reste électrisée. Le même raisonnement s'applique
au *carillon électrique.*

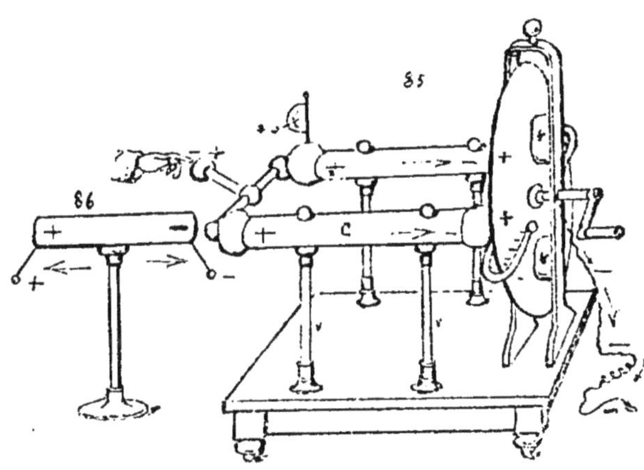

Machine électrique. — Pour obtenir de plus
grands effets, au lieu de frotter simplement un
bâton, on fait tourner rapidement entre quatre frot-
toirs *ffff* un grand plateau de verre (fig. 85). Le
frottement accumule sur ce plateau l'électricité positive, pendant que l'autre s'écoule vers le sol. De
gros cylindres en cuivre, placés près de la roue, lui
abandonnent leur électricité négative qu'elle attire

et n'ont bientôt plus que l'électricité positive. Pour faciliter l'écoulement du fluide négatif vers le plateau tournant, ces cylindres appelés *conducteurs* portent des pointes qui ont le *pouvoir* de laisser écouler l'électricité, des boules servent au contraire à y retenir le fluide positif. Les conducteurs sont *isolés* par des pieds en verre tenus bien secs, parce que l'humidité, étant bon conducteur d'électricité, fournirait au fluide négatif un chemin pour venir du sol rétablir l'état neutre. C'est l'humidité qui ramène sans cesse les nuages à l'état neutre, et fait que la foudre y éclate rarement, et plus rarement encore sur le sol.

Une personne mettant le doigt sur la machine électrique, pendant qu'on en tourne le plateau, servira de passage ou de conducteur à l'élément contraire venant du sol ; l'état neutre se rétablira constamment sur ia machine, et il sera impossible de l'électriser. Mais si cette personne monte sur un tabouret porté par des pieds de verre, elle se trouve *isolée*, la machine fixe sur elle le fluide positif. En cet état, ses cheveux s'étendent comme les pendules allant chercher aux environs le fluide contraire. Si un ami, ayant les pieds à terre, veut lui donner une poignée de main, il ne pourra le faire qu'en apportant le fluide négatif venant du sol, et la rencontre des deux fluides se fera avant que les mains se soient touchées : il y aura bruit, éclair et secousse.

Électroscopes. — Les pendules sont des électroscopes qui permettent de voir si les corps qu'on en approche sont électrisés. L'électroscope à feuille d'or (fig. 87) se compose d'une tige de cuivre terminée par deux pailles d'or fort légères. Si on approche de cette tige un objet électrisé, elle s'électrise, un seul élément y reste, et les deux pailles s'écartent l'une de l'autre, étant toutes les deux affectées d'une électricité de même nom.

L'évaporation continuelle qui se produit à la surface de la terre, les mouvements et les frottements aériens qui ont lieu dans l'atmosphère, les transformations chimiques qui s'opèrent dans toute la nature, donnent naissance en tout temps à plus ou moins d'électricité atmosphérique. En général, les nuages se chargent d'électricité positive; quand la tension est trop grande, les fluides contraires se précipitent l'un vers l'autre; les éclairs marquent leur trajet qui est quelquefois de plusieurs kilomètres. Ils s'avancent en zig-zag, parce que l'air, étant mauvais conducteur, s'oppose à leur passage, et qu'ils se dirigent de préférence vers les régions humides. Il y a des éclairs qui se produisent au sein de la nue, en illuminent toute la masse sans que le bruit nous parvienne. Les éclairs dits de chaleur ne sont sans doute que le reflet de coups de foudre qui éclatent au delà de l'horizon et trop loin pour être entendus. Il y a des éclairs qui apparaissent sous forme de globes de feu, descendent des nuages, rebondissent sur le sol et éclatent quelquefois avec un bruit comparable à celui d'un coup de canon.

La lumière produite par la foudre nous arrive instantanément; le bruit du tonnerre, qui ne parcourt que 340^m par seconde, met donc autant de secondes à suivre l'éclair qu'il y a de fois 340^m entre le lieu où éclate la foudre et celui d'où on l'entend éclater. Le roulement du tonnerre n'est pas encore bien expliqué. On l'attribue aux échos qui se forment dans les nuages et sur la terre, à des décharges successives après la première, etc.

Il y a dans ces phénomènes des effets formidables qui échappent à toutes les théories, et l'homme doit confesser son ignorance en face des contradictions

rayon double de sa hauteur ; mais il doit être bien
installé et bien entretenu, sinon il accroît le danger
au lieu de le diminuer. En effet, si le courant qui
vient du sol ne passe plus par le conducteur, il passe
par le bâtiment qui peut être foudroyé. C'est parce
que l'air s'oppose à la rencontre des deux fluides
que leurs chocs sont si violents. Aussi dit-on que le
danger diminue quand la pluie, qui est bon conducteur, commence à tomber ; le fluide trouve un passage facile dans la nappe humide.

Choc en retour. — Il arrive parfois que des hommes
et des animaux sont blessés ou tués par l'électricité,
bien qu'ils soient à une grande distance du lieu où
la foudre éclate. Par exemple, un nuage étant électrisé et faisant sentir son influence aux environs,
peut rentrer subitement dans l'état neutre par le
fait d'une décharge électrique entre ce nuage et un
autre, ou le sol. Dans ce cas, le fluide qui montait
du sol y retourne brusquement et peut tuer par son
passage. Cependant, comme les deux fluides s'attirent en raison inverse du carré des distances, il
n'y a pas lieu de craindre le choc en retour si le
nuage est éloigné.

Condensateurs. Bouteille de Leyde. — Cette
bouteille contient une feuille d'or repliée plusieurs
fois, et mise en communication avec l'extérieur par
une tige de cuivre. Une feuille d'étain l'enveloppe
jusqu'aux deux tiers de sa hauteur (fig. 88). On tient
la bouteille à la main dans la partie recouverte
d'étain, et on met la tige de cuivre en contact avec
les conducteurs de la machine électrique.

Le fluide négatif attiré passe par le plateau de la
machine, s'écoule vers le sol, et bientôt l'intérieur de
la bouteille se trouve chargé d'électricité positive,
proportionnellement à la double surface des feuilles

4

métalliques repliées. Mais la bouteille n'est pas seulement chargée d'électricité à l'intérieur ; elle l'est encore à l'extérieur, parce que le fluide positif de l'intérieur attire vers lui le fluide négatif, qui arrive du sol en passant par l'opérateur. Ce fluide, ne pouvant traverser le verre pour se combiner avec l'autre, se condense, s'accumule sur la surface extérieure de la bouteille, à mesure qu'elle se charge d'électricité contraire à l'intérieur. La bouteille peut rester ainsi chargée pendant longtemps ; elle donne l'étincelle électrique toutes les fois qu'avec un *excitateur* on fournit aux deux fluides un passage pour se rencontrer. Le physicien, qui d'une main touche l'extérieur de la bouteille et approche l'autre main de la tige, fait passer la communication par son corps ; et reçoit la décharge, qui peut le tuer, si la bouteille est de forte dimension. Pour obtenir des charges puissantes, on réunit plusieurs bouteilles formant ensemble une *jarre* ou *batterie électrique* dont les effets sont considérables (fig. 88 *bis*). Le verre, étant mauvais conducteur, permet des expériences curieuses et amusantes sur les phénomènes électriques. On colle des feuilles d'étain sur des plaques de verre, on y exécute des dessins par découpures. L'électricité jaillit en étincelles à chaque solution de continuité en allant du sol vers la machine, et dessine ainsi des figures lumineuses.

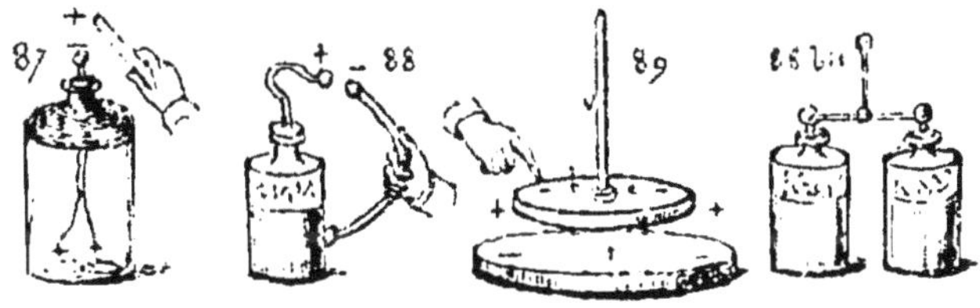

Électrophore. — Cet instrument se compose d'un gâteau de résine que l'on électrise en le frottant avec une peau de chat (fig. 89). Si on pose dessus un disque en bois, isolé par un manche en verre et recouvert d'une feuille d'étain, l'électricité négative du gâteau décompose par influence le fluide neutre du plateau, et accumule le fluide positif sur sa face inférieure en présence du gâteau, où il ne passe point cependant, car la résine est mauvais conducteur. Le fluide négatif du disque étant refoulé vers la face supérieure, si on lui fournit passage vers le sol en la touchant du doigt, il ne reste sur le plateau que le fluide positif. Le plateau est ainsi électrisé ; on le sépare du gâteau, et on porte cet objet électrisé où besoin est, comme la bouteille de Leyde.

Électricité dynamique.

Pile électrique. — L'électricité se produit aussi par des actions chimiques qui font cesser l'état neutre et séparent les deux éléments. Quand on place dans un verre une plaque de zinc et une plaque de cuivre ou de charbon de coke et qu'on y verse de l'eau acidulée (fig. 91), on remarque qu'il y a production d'électricité ; que l'élément positif se porte du côté du cuivre ou du charbon, l'autre sur le zinc.

Si on attache des fils de cuivre à chacune des deux plaques, les deux fluides se portent sur les fils ou *électrodes* qui prennent le nom de pôle positif et de pôle négatif; sur les dessins on les désigne l'un par le signe ✕, l'autre par le signe —. Quand on met les deux fils en contact par leur extrémité (fig. 92), la rencontre des électricités contraires s'opère, et il s'établit un circuit continu ; parce qu'à mesure qu'il y a recomposition aux pôles, la décomposition se continue dans la pile; et tant que dure l'action chimique, l'électricité se renouvelle. Le courant étant ainsi fermé, l'électricité n'exerce aucune tension sur

les objets environnants. C'est ce courant qu'on ferme
en mettant en contact par pression les deux fils
d'une sonnerie électrique; le courant étant fermé
circule dans les fils. L'intensité du courant varie
selon la résistance; c'est-à-dire suivant la longueur,
le diamètre et la nature des fils. On la mesure soit
avec le galvanomètre, soit avec le voltamètre.

L'électricité qui se meut dans un circuit constitue
une force propre à mettre des mécanismes en mouvement; à cause de cela, on l'appelle électricité
dynamique. Cette force est due au dégagement de
chaleur produit dans la pile par l'effet des réactions
chimiques qui s'y opèrent.

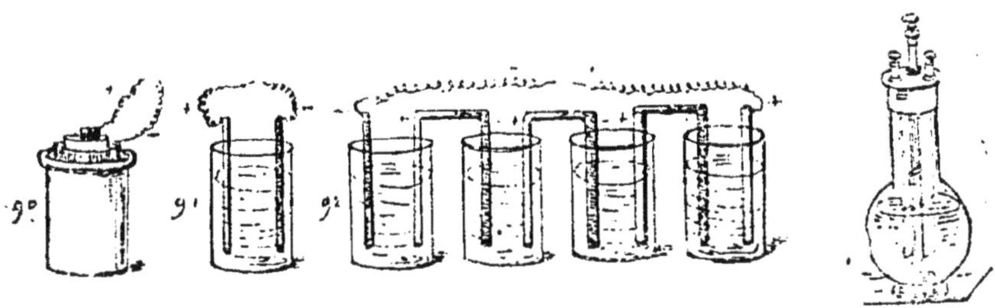

La *pile de Volta*, ressemblant à une pile de sous, a
pris de sa forme le nom qui est resté aux autres,
bien qu'elles soient construites tout différemment.
Les plus connues sont celle de *Bunsen* (fig. 90),
mise en activité par l'acide azotique et l'acide sulfurique; celle de *Grenet* (fig. 92 *bis*), au bi-chromate
de potasse; celle de *Leclanché* (fig. 97), au bi-oxide
de manganèse. Cette dernière fonctionne longtemps
sans nouveaux frais d'entretien; elle est employée
pour le service de la télégraphie et celui des télé-
phones.

Pour augmenter l'effet des piles, on les associe,
en réunissant plusieurs *éléments* (fig. 92), comme les
bouteilles de Leyde dans les batteries électriques;

on emploie aussi des bobines qui, par la longueur
de leurs fils, augmentent l'importance du courant
électrique.

Effets de la pile. — Quand on prend dans chaque
main les fils d'une forte pile, on ressent des commotions violentes qui se répètent tant que passe le
courant. Ces commotions sont utilisées en médecine,
pour ramener la vie dans les membres, où elle n'a
pas l'activité voulue.

Par l'effet du courant, des lapins asphyxiés depuis
une demi-heure ont pu être rappelés à la vie ; une
tête de supplicié a éprouvé de si effroyables contractions que les spectateurs fuyaient épouvantés ; les
actes de la vie se reproduisaient imparfaitement,
mais cessaient avec le courant : expériences inutiles
et abandonnées.

L'électricité produit des effets lumineux, selon les
corps qu'elle traverse ; elle décompose et transporte
d'un pôle à l'autre les matières en incandescence ou
en fusion ; elle dissout tous les métaux, même le platine ; enflamme l'alcool, l'éther, la poudre à canon ;
fond la chaux, le charbon, le diamant ; décompose
les sels et les oxydes, tels que la potasse et la soude.

Éclairage électrique. — L'éclairage électrique
s'obtient d'abord au moyen de deux charbons de
coke de fabrication spéciale placés bout à bout
(fig. 93), et par lesquels passe un courant électrique
qui les rend lumineux en les portant à l'incandescence et non à la fusion, le charbon n'étant pas fusible. Les charbons étant mis en regard et séparés
par un court intervalle, le courant transporte de l'un
à l'autre des parcelles de carbone incandescentes et
lumineuses. Là se développe la plus haute température connue : tous les corps y sont fondus ou vola-

tilisés, même le platine; et la plus vive lumière après celle du soleil.

Si on place les deux charbons parallèlement l'un à côté de l'autre, on a la bougie Jablochkoff (fig. 94), composée de deux baguettes de charbon isolées par une matière qui se consume. On fait monter le courant alternativement, au moyen d'un mécanisme, par l'une et par l'autre, pour qu'elles s'usent également et que les deux bouts restent en présence à la distance voulue. Plusieurs de ces bougies peuvent être placées dans un même circuit, et produire l'éclairage en grand sur les places et dans les édifices.

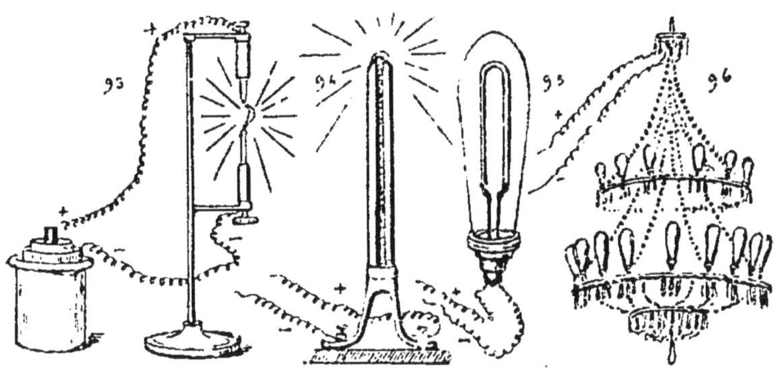

Si l'incandescence a lieu dans le vide, le charbon ne se détruit pas, et la lumière est plus douce. Dans une sorte de verre de lampe fermé à son sommet comme un globe de statuette, et où l'on a fait le vide, on dispose, en forme de fer-à-cheval allongé, un charbon qui est un filament de bambou carbonisé par un procédé spécial. Les deux bouts du fer-à-cheval se renflent un peu et viennent se prendre dans de petites pinces de platine, terminaisons des fils de platine, qui amènent le courant électrique au charbon (fig. 95). Le passage de l'électricité y produit l'incandescence. Le même charbon peut durer au plus trois à quatre mois. On peut placer ces

lampes Édison dans des circuits, sur des lustres,
etc. (fig. 96). Elles servent aussi dans les travaux
sous-marins.

Voltamètre. — Quand on fait arriver les deux
pôles d'une pile au fond d'un verre d'eau salée ou
acidulée, pour qu'elle conduise bien l'électricité
(fig. 97), on voit s'élever des bulles de gaz à la surface. Si l'on remplit d'eau des tubes fermés à un bout
et qu'on les renverse au-dessus de chacun des fils,
on voit les bulles s'y loger, et l'on remarque que
l'eau descend deux fois plus vite dans l'un que dans
l'autre. En enflammant ces gaz, on reconnaît que
l'un est de l'hydrogène, l'autre de l'oxygène, dont
l'eau est formée dans la proportion de deux contre
un.

Si l'on fait entrer dans un tube de verre bien
solide, appelé *endiomètre*, deux volumes d'hydrogène
contre un d'oxygène et qu'on y fasse passer l'étincelle électrique, les deux gaz se combinent avec
chaleur et détonation, et il en résulte quelques
gouttes d'eau. Ces deux expériences se corroborent.

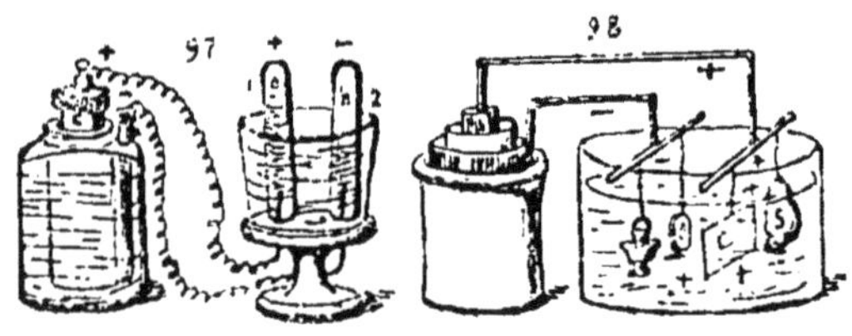

Galvanoplastie. — Quand on fait passer le courant de la pile dans une cuvelle (fig. 98), contenant
en dissolution du cuivre, de l'étain, du nickel, de
l'argent ou de l'or, le métal se dépose à la surface
des objets plongés dans cette dissolution. L'électricité décompose les sels et l'acide va au pôle positif,

le métal au pôle négatif. Les parcelles étant électrisées accourent au pôle négatif où sont suspendus les
objets à métalliser. C'est ainsi qu'on recouvre des
médailles, des statues, des bijoux, de la vaisselle, et
qu'on donne à des métaux communs l'extérieur des
métaux précieux. On peut même recouvrir ainsi des
objets en plâtre, en caoutchouc, etc. Pour leur donner la conductibilité nécessaire, il suffit de les frotter
avec de la plombagine.

Magnétisme ou aimantation.

On trouve dans le sol un minerai de fer oxydé, le
nickel, que les Grecs appelaient *magnès*, et qui attire
le fer et l'acier. Cette propriété résulte d'une action
électrique due à la terre elle-même, qui par l'effet de
son mouvement est toujours plus ou moins électrisée
à sa surface, ainsi que les corps qui s'y trouvent. Cet
aimant naturel transmet facilement l'aimantation au
fer et à l'acier par frottement ou contact; on fait des
aimants artificiels qui peuvent transmettre indéfiniment la même propriété.

L'acier trempé conserve l'aimantation; le fer
doux, étant très bon conducteur, la prend plus vivement et plus fortement, mais la perd instantanément. Le fer rouge ne subit plus l'action d'un aimant,
et la température *rouge blanc* détruit l'aimantation.

Boussole. — La boussole n'est autre chose qu'une
aiguille d'acier aimantée. Son aimantation se fait
sentir à ses extrémités appelées pôles. Si l'on met en
présence deux aiguilles aimantées, on remarque que
les pôles de même nom se repoussent et que les pôles
de nom contraire s'attirent, comme dans toute production d'électricité. L'aiguille aimantée (fig. 99),
qu'elle soit suspendue à un fil ou portée sur un pivot,

tourne une de ses pointes vers le nord, l'autre vers
le sud, en s'écartant toutefois un peu de cette direction selon les lieux.

Cette *déclinaison* est, en France, de 17 degrés du
nord vers l'ouest. On suppose que la terre est un
gros aimant, qui produit l'aimantation des substances magnétiques situées à sa surface, et qu'elle
agit sur la direction du pôle de l'aiguille. L'aiguille
montée sur un cadran, indiquant comme la rose des
vents les quatre points cardinaux, sert à guider les
marins sur l'Océan. Des cartes dressées avec soin
indiquent pour chaque lieu la déclinaison de l'aiguille: de sorte qu'en la faisant arriver sur ce point,
il suffit de tenir compte des degrés qui séparent le
pôle magnétique du pôle de la terre, pour trouver la
direction de celui-ci et s'orienter. Elle sert aussi dans
le *galvanomètre* à marquer l'intensité électrique par
les mouvements qu'elle subit à la manière des pendules électriques. Elle est peu stable sur les navires
en fer.

Le magnétisme n'est sans doute qu'une des formes
de l'électricité ; car il produit des effets analogues et
semble dû aux mêmes causes. Les phénomènes électriques et magnétiques se font naître et se renforcent
réciproquement : les aimants produisent l'électricité,
et celle-ci aimante les substances magnétiques. Ainsi
on fait d'une aiguille d'acier une aiguille aimantée,
par le passage transversal d'un courant électrique ;
et l'aimantation se produit dans un morceau de fer
doux, tant que passe le courant qui la produit.

Électro-aimant. — On peut faire passer plusieurs
fois transversalement un courant électrique. Il suffit
pour cela de rouler, autour de métal à aimanter, un
fil électrisé en formant une sorte de *bobine*. Si le
métal est du fer doux, on a un *électro-aimant* (fig. 100).

Toutes les fois que le courant partant de la pile passe par le fil, le fer se trouve aimanté instantanément, et il peut attirer à lui un autre morceau de fer, *pl*. Toutes les fois que le courant est arrêté, cette bobine perd aussitôt la propriété de l'aimantation et n'attire plus le fer. Voici le parti qu'on a su tirer de ces alternatives d'aimantation.

Qu'on se figure un bout de fer, un simple levier *pl*, fixé en son milieu *m* comme un tourniquet placé près d'un électro-aimant. L'un de ses bras *l* y est attiré toutes les fois que passe le courant, et ramené en sens contraire par un ressort à boudin *r* dès que cesse l'aimantation qui l'attirait.

Dans ce va-et-vient se trouve tout le secret de la télégraphie électrique, quel que soit le mode de reproduction des dépêches.

Télégraphie. — Le télégraphe à cadran comporte à son pourtour les vingt-cinq lettres de l'alphabet et une aiguille que l'on fait mouvoir avec la main. Un cadran semblable est à la station de l'arrivée. L'aiguille du départ tourne sur l'axe d'une roue dentée dont les dents et leurs intervalles établissent le courant et l'interrompent pour chaque lettre.

L'électro-aimant, placé sous le cadran de l'arrivée, produit ainsi chaque fois le va-et-vient, qui oblige le levier à pousser autant de fois une roue dentée pareille à celle du départ, et fait mouvoir la deuxième aiguille comme la première. Il en résulte que celle-ci s'arrête sur les mêmes lettres que l'autre et répète ainsi les mêmes mots.

Dans le télégraphe *Morse* (fig. 100), il suffit, à la station de départ, de presser sur le bouton du *manipulateur* (fig. 101) pour faire passer le courant par le fil de la ligne, et faire agir à la station d'arrivée l'aimant qui, à chaque fois, attire à lui un bout du levier, forçant l'autre bout à presser sa pointe contre une bande de papier, qui se déroule, et à y tracer des points ou des traits selon la durée de la pression exercée sur le bouton du départ. Ces traits sont des lettres de convention qu'il suffit de traduire pour avoir le sens de la dépêche : ainsi a s'exprime par · ▬; b, par ▬ ··· etc. On désigne par · la lettre e qui revient souvent. Les rouleaux qui entraînent la bande de papier sont mus par un mécanisme d'horlogerie que l'on remonte en c.

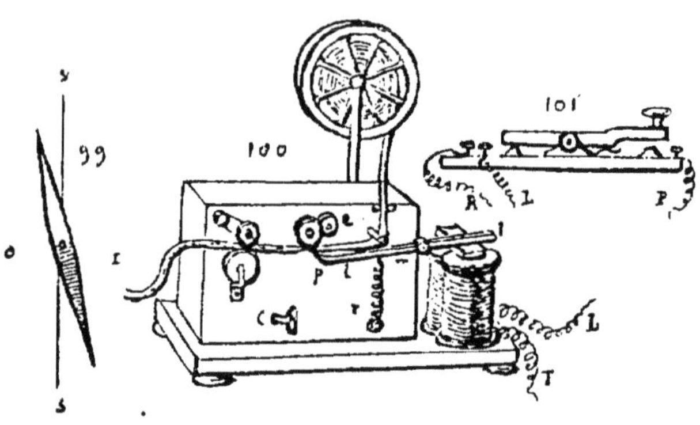

On a imaginé des systèmes qui reproduisent les lettres de l'alphabet, l'écriture de la personne qui envoie la dépêche, et jusqu'à des dessins. Les appareils mécaniques subissent des modifications ; mais c'est, dans tous, l'électro-aimant qui, par son action intermittente, produit le va-et-vient d'où l'on tire les mouvements voulus. La force part des piles comme elle part des chaudières à vapeur, et l'électro-aimant règle ici l'action de la force, comme le fait le piston dans la machine à vapeur.

Horloges électriques. — Dans les horloges électriques, l'impulsion est donnée de la même manière. De Paris à Lille et au delà se trouve, dans chaque station, une horloge qui, au lieu de recevoir le mouvement d'un poids et d'un balancier, le reçoit d'un électro-aimant placé derrière son cadran (fig. 102). A la gare de Paris est une horloge réglée avec un balancier à secondes, installé près d'une pile. Le pendule oscillant d'un côté touche un ressort métallique qui permet au courant de passer et de s'interrompre dès que l'oscillation a lieu de l'autre côté. Il en résulte qu'à toutes les stations l'électro-aimant, placé derrière les cadrans, s'aimante et se désaimante, à chaque mouvement de ce pendule transmis par le fil; qu'il attire ou abandonne en même temps le petit levier, qui pousse les dents d'un rochet mettant les rouages et les aiguilles en mouvement, de la même

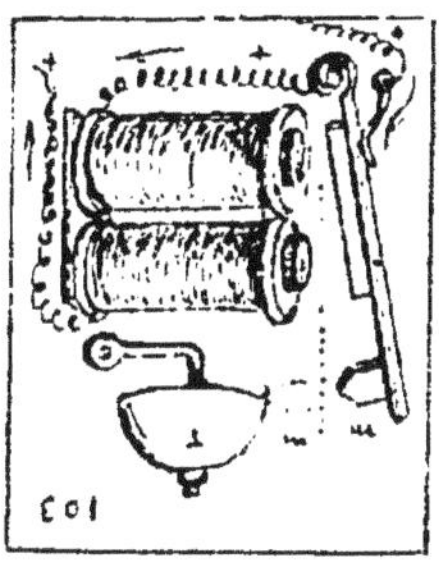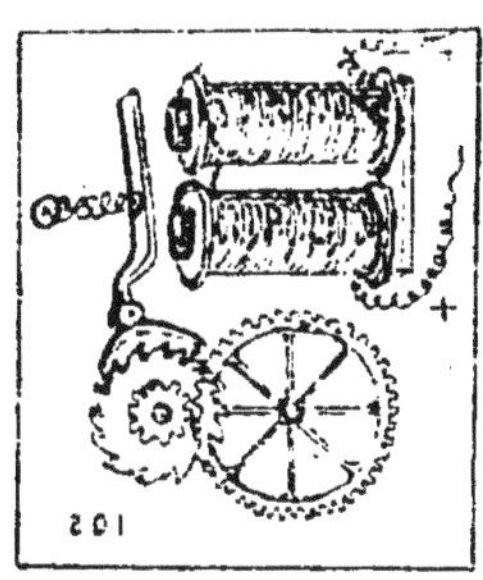

manière que dans toutes les pendules. Le balancier est partout remplacé par le levier de l'électro-aimant, qui fait l'échappement par son va-et-vient alternatif.

Les horloges d'une même ligne marquent instantanément la même heure, parce que l'électricité parcourt 43,000 lieues par seconde; mais Weåststone croit qu'elle peut parcourir 115.000 lieues.

Sonneries électriques. — Le petit levier porte ici, à l'une de ses extrémités, un marteau placé en face d'un timbre (fig. 103); l'autre extrémité, contournée en ressort, le tient à distance de l'électro-aimant. Si l'on donne passage au courant venant de la pile, l'électro-aimant attire vivement le marteau et le porte sur le timbre. Mais ce marteau ayant ainsi laissé en arrière le bout du fil qu'il touchait avant de frapper, le courant se trouve interrompu, l'aimant n'attire plus, et le marteau est ramené à sa place par son ressort. Là il redonne passage au courant, est attiré de nouveau, frappe sur le timbre, et continue ainsi tant que l'on fait passer le fluide.

Induction électrique.

On a vu que l'électricité d'une machine électrise par influence les objets voisins. De même l'électricité de la pile, en parcourant un circuit, produit dans un circuit voisin de l'électricité, c'est-à-dire un courant se dirigeant du côté de celui qui le fait naître et suivant ainsi une direction contraire, puisqu'ils tendent l'un vers l'autre.

Si le courant *inducteur* est interrompu, le courant *induit* fait aussitôt un mouvement en sens contraire, comme fait le fluide qu'attirait la machine ou le nuage au moment où ils sont dechargés : c'est un choc en retour. La présence de l'électricité dans le fil induit est reconnue au moyen du *galvanomètre* dans lequel passe ce fil. Toutes les fois qu'un courant se produit, soit dans un sens, soit dans l'autre, l'aiguille aimantée du galvanomètre dévie de sa position ordinaire, puis y revient et montre ainsi des chocs instantanés.

Ces chocs électriques accumulent l'électricité dans le fil induit, d'autant plus qu'ils sont plus fréquemment répétés ; et de cette répétition résulte une intensité électrique des plus puissantes. En résumé, deux bobines sont près l'une de l'autre ou l'une dans l'autre (fig. 105), le fil de la première reçoit l'électricité d'une pile : c'est le fil *inducteur*; l'autre, simplement enroulé autour d'une bobine de bois ou de carton, s'électrise uniquement par l'influence du premier : c'est le fil *induit*.

On obtient les mêmes effets sans l'électricité de la pile, mais par la seule action des aimants. Une simple bobine étant entourée d'un fil (fig. 106), si on y introduit un aimant *a*, le fil s'électrise ; si on retire l'aimant, nouveau choc électrique dans le fil en sens contraire, le galvanomètre l'indique. L'induction par la pile s'appelle *induction voltaïque* ; celle-ci, *induction magnétique*. C'est d'après ces principes qu'on a construit les bobines et les machines magnéto-électriques.

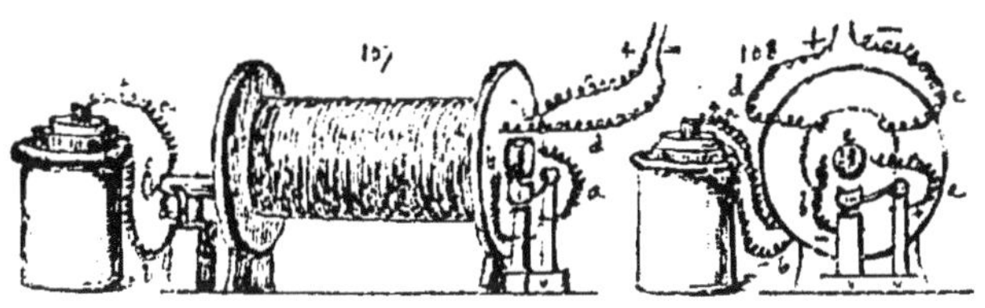

Bobine de Ruhmkorff. — Sur un cylindre de bois, contenant du fer doux, s'enroule d'abord un fil *inducteur a b* venant de la pile et d'une longueur de quarante mètres, puis le fil *induit c d* plus fin, ayant cent vingt kilomètres de long et faisant de vingt-cinq à trente mille tours ; ils sont isolés par du coton imprégné de gomme laque (fig. 107). L'électricité venant de la pile entre dans la bobine au moyen d'un *commutateur c* qui permet d'ouvrir et de fermer le circuit. C'est un petit cylindre auquel aboutissent les fils; il porte sur ses côtés des plaques de cuivre qui permettent au courant de passer et qui l'interrompent dès qu'elles ne sont plus en contact avec les fils. Le courant, entré dans la double bobine par le fil inducteur, y électrise le fil induit. Mais pour y accumuler l'électricité, il doit agir par *actions* et *interruptions* réitérées. A cet effet, il sort de la bobine à l'autre bout (voir fig. 108), et va passer sur un mécanisme destiné à produire des *arrivées* et des *arrêts* d'électricité; c'est *l'interrupteur*, qui, porté sur deux pieds de cuivre, sert à interrompre le courant un très grand nombre de fois par seconde, de manière à accumuler rapidement l'électricité dans le fil induit, puisque c'est de cette succession d'arrivées et d'interruptions que résulte l'accumulation d'électricité dans ce fil, comme s'accumule la chaleur sous l'action des chocs répétés. Cet interrupteur fonctionne à la manière des marteaux dans les sonneries électriques. Par le passage du courant, le fer doux *a* contenu dans la bobine s'électrise et attire le marteau *m*. Mais dès que le marteau a quitté son support, le courant qui passait par le marteau se trouve interrompu, l'aimant cesse d'agir et le marteau retombe sur son support *r*. Aussitôt le courant est rétabli, l'aimantation se reproduit, le marteau est de nouveau attiré et le courant interrompu. Il en résulte donc des arrivées et des interruptions dans le fil inducteur, avec la rapidité d'un mouvement vibratoire, dont le fil induit reçoit les effets.

Remarquons que l'induction est double dans cette bobine; elle résulte 1° du courant venant de la pile, et 2° de l'action du fer doux qui agit comme les aimants toutes les fois que passe le courant; c'est-à-dire que cette bobine engendre des courants d'induction voltaïque et magnétique. Cette bobine produit des effets comparables à ceux des plus puissantes machines électriques. L'étincelle qu'elle produit peut avoir de quarante à cinquante centimètres de longueur; elle fond les métaux, traverse des plaques de verre de dix centimètres d'épaisseur. A l'aide de ses fils, on peut allumer instantanément des centaines de becs lumineux, enflammer des mines à une très grande distance, dégager sous l'eau une grande lumière dans des tubes de verre où passe le courant électrique, décomposer les oxydes et les sels, etc.

Machines magnéto-électriques. — Nous avons dit plus haut qu'on obtient des effets d'induction magnétique très intenses si le fil, au lieu d'entourer une simple bobine (fig. 106), entoure du fer doux, comme dans les électro-aimant. Lorsqu'on en approche un aimant, il y a courant instantané dans un sens, et courant en sens contraire dès qu'on éloigne l'aimant; *l'induction* y est produite par le fer doux sous l'influence de l'aimant.

Or si l'aimant *a a* étant recourbé en fer-à-cheval, ou à deux branches comme ici, on fait tourner ses pôles en face de deux bobines contenant du fer doux *e e*, toutes les fois que les pôles de l'aimant seront en face des bobines (fig. 109), il y aura courant dans les fils, car le fer doux sert de circuit. Le courant y va d'un pôle à l'autre, parce que les pôles de noms contraires s'attirent.,

Mais si on met les pôles en sens contraire, il y a courant en sens opposé, et il y a, par conséquent, arrêt entre ces deux situations. Toutes les fois que les pôles de l'aimant seront en croix avec l'axe des bobines (fig. 110), il y aura interruption, l'aimant n'agissant plus. Il y a donc à chaque révolution :

*arrivée, arrêt; courant d'arrivée, courant de départ, en
sens inverse;* et ainsi la rotation a pour effet de produire rapidement le même résultat que l'interrupteur dans la bobine de Ruhmkorff. Si l'on fait tourner
les bobines en face des pôles de l'aimant, le résultat
est encore le même. Dans la machine de Clarke
(fig. 111), c'est l'électro-aimant *e e* qui tourne en face
de l'aimant fixe *a a*.

La machine **dynamo-électrique** de Gramme qui
se fait aujourd'hui, substitue aux aimants permanents des machines magnéto-électriques des *électro-
aimants*, auxquels on peut donner une puissance
magnétique plus grande. La rotation de l'anneau,
formé de fer, de bagues de fils de cuivre et de balais
de laiton pour conducteurs, électrise les fils et produit l'aimantation du fer; peut-être par le frottement, peut-être aussi parce que toute masse de fer
est toujours un peu aimantée par la terre.

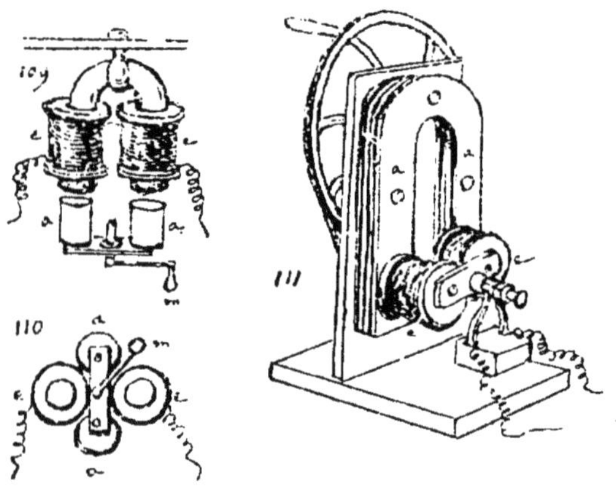

Les machines magnéto-électriques et les machines
dynamo-électriques sont donc construites de manières très diverses : tantôt ce sont les bobines qui

se meuvent, les aimants étant fixes ; tantôt c'est le contraire. Mais dans toutes, on cherche à produire rapidement l'*arrivée* et l'*interruption*, puisque c'est là ce qui produit les effets d'induction. On met ces machines en mouvement, tantôt avec des machines à vapeur ou à gaz, tantôt avec des roues hydrauliques ; on peut même se servir des moulins à vent. On les emploie à l'éclairage des phares, des chantiers, des magasins, des places publiques. On en construit spécialement pour traiter certaines maladies, et produire dans les muscles une agitation qui en réveille l'activité.

On produit de même des effets d'induction instantanée, quand c'est l'aimant qui est entouré d'un fil, et qu'on en approche ou qu'on en éloigne un morceau de fer doux. On en verra l'application dans le téléphone.

Téléphone. — Rappelons ici que les courants élec-triques produisent l'aimantation, et que réciproquement l'aimantation produit les courants et les renforce. Le téléphone se compose de deux appareils semblables, le *transmetteur t*, et le *récepteur r*, dans chacun desquels se trouve un barreau d'acier aimanté, portant à l'un de ses pôles une bobine *b* sur laquelle s'enroule un fil électrique. En face de l'aimant est posée une plaque de tôle, le tout dans un cornet de bois. Quand on parle ou qu'on chante devant la plaque *d*, on la fait vibrer. Ces vibrations, par l'action du fer doux dont cette plaque est formée, attirent au pôle de l'aimant une intensité magnétique qui est en rapport avec les rapprochements vibratoires de la plaque, et qui par suite détermine dans le fil une électrisation proportionnelle. De plus, l'augmentation des vibrations accroît l'intensité électrique, et par suite, l'aimantation proportionnelle du récepteur. L'électricité du fil, agissant instantanément sur l'aimant du récepteur, y détermine une intensité magnétique identique à celle de l'aimant transmetteur, et il en résulte que la deuxième plaque *e*, attirée proportionnellement à cette intensité, vibre à l'unisson de la première, et produit dans l'air des ondes sonores, pareilles à celles que la voix a produites devant le transmetteur (fig. 112).

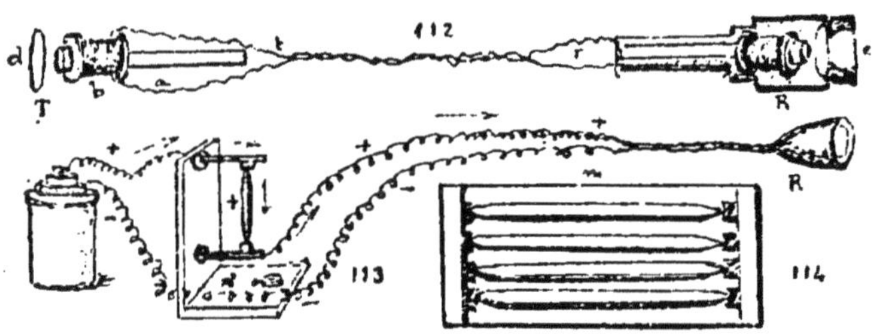

Microphone. — Le microphone amplifie les sons, comme le microscope amplifie les images. Il se compose essentiellement d'un charbon taillé en forme de cigare et porté entre deux douilles de charbon dans lesquelles il peut balloter facilement. Sur la tablette de cet instrument merveilleux (fig. 113), les trépidations causées par la marche d'un insecte sont entendues comme le tic-tac d'une montre, et le tic-tac de la montre, comme des coups de marteau.

Par ses mouvements, il agrandit les vibrations qu'un courant électrique ramasse pour les porter au récepteur (fig. 113).

En ajoutant le microphone au téléphone, on en a augmenté les effets. Aujourd'hui on parle devant une mince planche de sapin, sous laquelle est placé le microphone portant plusieurs charbons (fig. 114). Le courant électrique, renforcé par une pile, passe par le microphone dont la sensibilité est telle qu'on doit, pour être bien entendu, modérer les accents de la voix.

Le téléphone met en rapports constants les commerçants et les employés des services administratifs, les postes de pompiers, etc. Il permet aux maîtresses de maison de donner des ordres à leurs fournisseurs, et l'on peut, du coin de son feu, assister à un concert donné dans une ville voisine. Il en résulte une économie de temps et de déplacement.

Puisse le temps ainsi économisé être bien employé !

Le temps, c'est de l'argent, disent les Anglais ; c'est mieux encore, c'est le loisir laissé par la miséricorde divine pour gagner toute une éternité de gloire et de bonheur. Si le temps économisé par les progrès de la science ne l'est qu'au profit de la paresse et des vains plaisirs, l'homme deviendra d'autant plus coupable, par un nouvel abus des dons de Dieu.

La vapeur et l'électricité ont changé la face du monde, dit volontiers l'homme d'affaires ; le philosophe se demande si, en rendant le monde plus riche, elles l'ont rendu meilleur et plus heureux. Sans doute, les communications devenant plus faciles et la puissance des machines étant centuplée, le chiffre des affaires est devenu énorme, et la production va au-devant des besoins, les dépasse même.

Mais n'est-il pas vrai aussi qu'à mesure que les besoins trouvent à se satisfaire, ils augmentent et se multiplient, à tel point que pour qui est d'âge à s'en rendre compte, on est moins heureux qu'autrefois. Il a été dit avec raison : « L'homme le plus heureux est celui qui a le moins de désirs. » D'où il suit que le plus malheureux est celui qui en a le plus à satisfaire. Or il est dans la nature et dans la condition de l'homme de n'être jamais content de ce qu'il a et d'exiger à mesure qu'il reçoit; ses besoins croissent comme ses satisfactions ; plus il a, plus il veut avoir. Aussi quantité de gens se trouvent gênés aujourd'hui dans une situation qui eût paru heureuse à leurs ancêtres, parce que l'appétit des jouissances les pousse à désirer plus qu'ils n'ont, et la vanité à vouloir paraître plus qu'ils ne sont. De là des dépenses folles, l'impossibilité d'économiser et la gêne perpétuelle. Heureux quand cette gêne, qui disparaîtrait avec un peu d'ordre, de modestie et de simplicité, n'arrive pas à fausser le jugement et la conscience au point de faire regarder l'improbité comme une nécessité. Que de jouisseurs s'attablent sans savoir s'ils ont de quoi payer le succulent repas qu'ils ne croient pas pouvoir se refuser! Que d'orgueilleuses ruinent leur maison en disant : « Quand on a été élevée comme je l'ai été, on ne peut faire moins : je ne saurais changer mes habitudes, vivre dans la privation, etc. » C'est à quoi l'on tend quand on donne aux enfants des habitudes de bien-être difficiles à satisfaire. Le progrès de la science ne sert alors qu'au progrès de la jouissance, qui l'a bien vite dépassé. La science ne suffit donc pas au bonheur ; il faut par-dessus tout l'esprit de sagesse et de modération, qui est l'esprit chrétien.

Quelques mots en terminant sur une découverte aussi récente que merveilleuse.

Lorsque dans un tube de verre où l'on a obtenu le vide aussi complètement que possible, on fait passer des décharges électriques venant de la bobine de Ruhmkorff mise en communication avec la pile Bunsen (v. pages 110 et 118), au lieu d'étincelles, on voit une belle lueur continue émanant du pôle négatif.

Or, si l'on place sous l'action de ces rayons lumineux une plaque photographique ordinaire (châssis de verre dépoli dont une face est enduite de collodion additionné de bromure et d'iodure d'argent), enfermée dans un panneau de bois, on constate que cette plaque se trouve impressionnée par les rayons venant du tube de verre. Il faut donc admettre que

ces mystérieux rayons ont la propriété de traverser
certains corps opaques. En effet, si entre le tube et
la plaque quelqu'un vient poser la main pendant un
certain temps, la plaque donnera non pas la photographie ordinaire de la main, mais l'ombre de son
squelette bien dessiné et les chairs figurées par une
ombre moins intense ; c'est que les rayons ont traversé les chairs, mais ont été arrêtés par les os.

 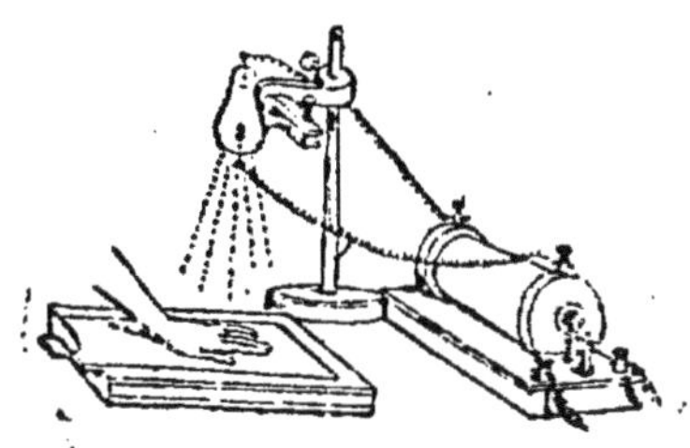

Quelle est la nature de ces rayons ? en réalité on
l'ignore, et voilà pourquoi on leur a donné le nom de
rayons X ; on suppose cependant qu'en dehors des
vibrations de l'éther perçues par nos yeux il en existe
d'autres imperceptibles à l'œil nu, mais se transmet-
tant plus ou moins à travers les corps.

Cette découverte est importante surtout au point
de vue de ses applications pratiques en médecine :
en effet, ces rayons ayant la propriété de traverser
les parties charnues de l'homme, il est désormais
possible d'y découvrir par la photographie la présence de certains corps étrangers, causes ignorées de
bien des infirmités et des maladies.

Nota. — Pour les notions de chimie, comme pour celles de
physique, on a cherché la simplicité et la concision. Les choses
dites longuement sont d'ordinaire peu goûtées et peu comprises,
parce qu'elles exigent une attention trop prolongée. Il vaut mieux
sans doute les dire en peu de mots, faire des phrases courtes, et
donner des formules brèves, que l'intelligence peut saisir, après
quelques instants de réflexions. On y trouvera aussi quelques
redites nécessaires à l'ensemble des questions les plus importantes.

CHIMIE

La chimie s'occupe des différents modes d'action que les corps exercent entre eux, et des lois d'après lesquelles ils se transforment les uns dans les autres. Elle en détruit par *l'analyse*, en les décomposant; elle en reconstitue par la *synthèse*, en les combinant entre eux.

Elle constate ainsi les lois mystérieuses de la nature, qu'elle décrit sans pouvoir en saisir le secret, ni expliquer comment l'œuvre de la création se conserve et se continue par l'action providentielle.

Il y a entre les phénomènes physiques et les phénomènes chimiques cette différence que, dans les premiers, la nature des corps n'est pas changée, tandis que dans ceux-ci elle est transformée en d'autres corps. Ainsi du fer, mis au feu, en sort sans perdre ni ses caractères ni ses propriétés ; chauffé avec du soufre, il donne naissance à un corps nommé sulfure de fer, ayant des propriétés tout autres.

États de la matière. — Les corps sont *solides* quand leurs formes subsistent, *liquides* quand leurs molécules se meuvent dans tous les sens, *gazeux* quand leurs molécules se repoussent indéfiniment. Tous ne passent pas par ces trois états, beaucoup passent immédiatement de l'état solide à l'état gazeux. L'eau, les graisses, les métaux subissent les trois états, le bois passe de l'état solide à l'état gazeux. La plupart des gaz peuvent être liquéfiés et même solidifiés, lorsqu'on les soumet à l'action d'une forte pression ou d'un grand froid, comme il arrive pour l'eau.

La *cohésion* est la force qui tient unies les particules d'un même corps; elle est plus grande dans les solides que dans les liquides, elle est nulle dans les gaz. Elle diminue par l'action de la chaleur, qui, en dilatant les molécules des corps, les rend liquides ou gazeux. On la détruit par *fusion* dans les graisses, les métaux, etc.; par *dissolution* dans le sel, le sucre, etc.

Favorisée par la chaleur, *l'affinité* est une force aussi incompréhensible que la précédente, et dont l'effet est de rapprocher les molécules de corps différents pour en former de nouveaux. Du fer, exposé à l'air, se couvre de rouille par l'effet de l'affinité de l'oxygène pour le fer. Toutes les merveilles de la chimie sont dues à cette attraction inexplicable. La chaleur est la force qui est opposée à l'affinité comme à la cohésion. Par exemple, la craie est une combinaison d'acide carbonique et de chaux. Si l'on met de la craie sur le feu, l'acide carbonique s'en dégage, et il reste la chaux.

La chaleur *favorise* l'affinité en détruisant la cohésion, en écartant les molécules des corps et en leur permettant de se mouvoir pour s'associer à d'autres; elle *détruit* l'affinité lorsqu'elle est assez forte pour désassocier les molécules des corps composés, et les obliger à reconstituer les corps simples : ainsi du mercure chauffé se combine avec l'oxygène de l'air; chauffé davantage, il abandonne l'oxygène.

Il y a simplement *mélange* quand les molécules des corps associés restent indépendantes les unes des autres, comme serait un mélange de graines : ainsi, la poudre de guerre est un mélange de charbon, de soufre et de salpêtre; l'air est un mélange de gaz; l'eau rougie, un mélange d'eau et de vin.

Chaque substance y garde ses propriétés et ses caractères, et le mélange a lieu en *toutes proportions*.

Il y a *combinaison* quand il y a formation d'un corps nouveau ayant des propriétés autres que celles des corps combinés. Si on ajoute de la limaille de cuivre à de la poussière de soufre, il y a simple mélange; mais si on met ce mélange sur le feu, leur cohésion cesse, et les deux substances se combinent par affinité; il en résulte un corps nouveau, le sulfure de cuivre ayant des propriétés autres.

Les combinaisons ont généralement lieu selon des *proportions définies en poids et en volume*. Par exemple, on sait déjà que l'eau résulte de la combinaison d'un volume d'oxygène avec deux volumes d'hydrogène. Si on introduisait dans l'endiamètre 2 volumes d'oxygène au lieu d'un, la combinaison ne prendrait qu'un volume d'oxygène, l'autre resterait libre.

Par les combinaisons chimiques, des corps inflammables comme l'oxygène et l'hydrogène produisent l'eau, qui a des propriétés tout opposées; le chlore et la soude, substances corrosives et malfaisantes, produisent le sel marin si bienfaisant; l'oxygène et l'azote, gaz indispensables à la vie, produisent l'eau forte, violent poison. C'est d'après cette connaissance que sont administrés les contre-poisons.

Par suite du travail qui s'opère entre les molécules, toute combinaison chimique dégage de la chaleur, de l'électricité et quelquefois de la lumière.

MATIÈRES INORGANIQUES

La chimie s'occupe de toutes les substances que la nature offre à notre étude dans les trois règnes. Celles du règne minéral font l'objet de la chimie inorganique, et on appelle chimie organique l'étude des deux règnes comprenant les êtres organisés, qui sont les végétaux et les animaux.

Corps simples.

Les corps simples ne peuvent être décomposés. Ainsi un morceau de fer ne peut donner que du fer : il est simple ; le laiton donne du cuivre et du zinc : c'est un corps composé ; le bois est composé de plusieurs substances. On connaît plus de soixante corps simples appelés métalloïdes et métaux.

Les métalloïdes sont : *l'oxygène, l'azote, l'hydrogène, le carbone, le soufre, le phosphore, le chlore, le silicium*, etc.

En se combinant avec l'oxygène, ils forment des *acides* (aigres) : le vinaigre, le jus de citron, de groseille ; les odeurs et les saveurs piquantes sont des acides.

Les métaux sont : le *fer*, le *cuivre*, l'*or*, l'*argent*, le *platine*, le *nickel*, le *mercure*, l'*étain*, le *plomb*, le *zinc*, le *calcium*, le *potassium*, le *sodium*, le *chrome*, le *cobalt*, l'*arsenic*, etc. En se combinant avec l'oxygène, ils forment des *oxydes :* la rouille du fer est un oxyde de fer.

Tous les corps, dans la nature brute ou animée, sont formés de ces corps simples.

Nomenclature. — Les acides, en se combinant avec les oxydes, produisent des *sels :* ainsi le vinaigre ou acide acétique, combiné avec de la rouille ou oxyde de fer, produit l'acétate de fer, employé par les teinturiers. Le tableau suivant en présente quelques-uns à titre d'exercice ; ils seront étudiés plus loin.

ACIDES	OXYDES *ou bases.*		SELS
L'a. acétique	et l'o. de cuivre produisent		l'acétate de cuivre.
L'a. citrique	et l'o. de magnésium »		le citrate de magnésie.
L'a. carbonique	et l'o. de plomb »		le carbonate de plomb.
L'a. azotique	et l'o. d'argent »		l'azotate d'argent.
L'a. sulfurique	et l'o. de cuivre »		le sulfate de cuivre
Le même	et l'o. de fer »		le sulfate de fer.
Le même	et l'o. de zinc »		le sulfate de zinc.

(colonne verticale : *Se neutralisent aussi réciproquement.*)

Il y a aussi les alcalis qui sont tous des oxydes sauf *l'ammoniaque;* les corps neutres et les corps indifférents, comme *l'eau* qui joue le rôle d'acide ou d'oxyde.

Les acides riches en oxygène prennent la terminaison *ique,* comme ceux du tableau; ceux qui le sont moins prennent la terminaison *eux,* et les sels qui en résultent se terminent en *ite* et non en *ate :* ainsi l'acide sulfureux et l'oxyde de fer produisent le sul*fite* de fer. Les mots *proto, dento, trito, peroxyde* indiquent les degrés croissants d'oxydation.

Pour les corps non oxygénés, le nom de la combinaison se termine par *é* s'ils sont gazeux, par *ure* s'ils sont solides : ainsi, le gaz d'éclairage est de l'hydrogène bicarbo*né,* le sel marin est du chlor*ure* de sodium. Toutefois cette règle n'est pas absolue. Il y a exceptions : 1° pour les corps comburants : oxygène, chlore, iode, fluor; 2° pour ceux à base alcaline, la seule sans oxygène; 3° pour l'acide sulfhydrique.

Métalloïdes. — Composition de l'air.

Les métalloïdes sont des corps simples dépourvus d'éclat et conduisant mal la chaleur et l'électricité.

L'air est un mélange d'oxygène et d'azote dans le rapport de 21 à 79 °/₀ : sur 5 litres d'air, il y en a 1 d'oxygène, 4 d'azote. On y trouve aussi de la vapeur d'eau, de l'acide carbonique, des poussières et des émanations diverses.

L'air est indispensable à la vie végétale et à la vie animale ; il s'en trouve même dans l'eau pour la vie des plantes et des poissons.

L'oxygène est le corps le plus important de la nature ; il est l'agent indispensable de la respiration et de la *combustion*. Corps *comburant*, il fait brûler tous les corps *combustibles*. Il a une tendance à se combiner avec tous les corps : avec les métaux qu'il détruit en les oxydant, avec les aliments qu'il aigrit avec les matières végétales et animales qu'il désorganise par la fermentation et la putréfaction. Mais il est en même temps l'agent actif de la vie ; il entre dans la formation des matières qui constituent les êtres organisés (végétaux et animaux).

Par ses combinaisons, il produit dans les animaux, la chaleur animale ; dans nos foyers et sur nos lampes, la chaleur et la flamme. Trop abondant, il excite la vie à l'excès et consume ; trop rare, il n'entretient plus la vie (fig. 3). Si on plonge un corps enflammé, un fil de fer dans l'oxygène pur, il y brûle avec un éclat éblouissant (fig. 2) : les étincelles qui jaillissent de l'enclume du forgeron sont des parcelles de fer qui brûlent avec l'oxygène de l'air et produisent de l'oxyde de fer.

La flamme est une combinaison de gaz à une température de 5 à 600°. Si on tient, à travers la flamme d'une bougie, un fil de fer, on le voit rougir d'abord dans les points chauffés par l'extérieur de cette flamme, parce que l'oxygène y afflue plus qu'à l'intérieur. C'est pour cette raison que la mèche de la bougie est tissée de manière à ce qu'en se courbant

elle porte, à l'endroit le plus chaud de la flamme,
son extrémité, qui peut ainsi se consumer sans résidu. Dans les foyers et dans les lampes, il faut que
l'oxygène arrive facilement, pour que la combustion
soit active; sinon la chaleur emporte le combustible
en fumée.

On obtient l'oxygène pur en chauffant du chlorate
de potasse dans un ballon de verre; ce sel se convertit en chlorure de potassium, et l'oxygène qui se
dégage est recueilli dans une éprouvette (fig. 1).

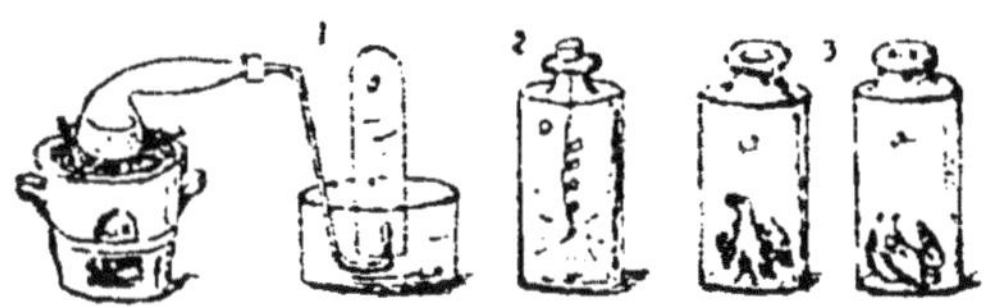

L'azote semble mêlé à l'oxygène par une disposition providentielle, pour en atténuer l'activité. De
plus, il entre dans la composition des végétaux et
des substances animales, où il est à l'état solide :
celles qui en contiennent le plus sont les plus nour-
rissantes. Il est donc nécessaire à la nutrition,
comme l'oxygène l'est à la respiration. A l'état de
gaz, il éteint la flamme et arrête la vie. Une bougie
enfermée sous un bocal, dont le goulot plonge dans
l'eau, s'éteint dès que l'oxygène a formé de l'acide
carbonique, qui se dissout dans l'eau, et qu'il ne reste
plus que de l'azote sous le bocal (fig. 7).

Combiné avec l'oxygène, il produit *l'acide azotique*
ou nitrique (eau forte), qui sert à la gravure sur
métaux.

En faisant tremper du coton dans un mélange
d'acide azotique et d'acide sulfurique, on obtient le
coton poudre qui fait explosion. L'acide azotique,
combiné avec la potasse, produit le *salpêtre*, qui,
mêlé au soufre et au charbon, donne la poudre à

canon. L'acide nitrique est un poison actif. On l'obtient en faisant dissoudre dans l'eau les vapeurs acides qui se dégagent d'une chaudière, dans laquelle on chauffe du nitre et de l'acide sulfurique.

Combiné avec l'hydrogène, il produit l'ammoniaque, que l'on extrait des mines putréfiées, des os calcinés, des débris d'animaux et des eaux d'épuration du gaz d'éclairage, et qui se dégage des fumiers, rapportant l'azote dans la végétation. Il faut donc éviter de laisser fumer les fumiers, car le carbonate d'ammoniaque qui s'en dégage, diminue leur valeur agricole. L'*alcali volatil* est une eau saturée d'ammoniaque. Il cautérise la morsure des serpents, les piqûres des abeilles, des guêpes, etc. Le gaz ammoniac, amené à l'état liquide par la pression, se volatilise rapidement et produit un refroidissement tel qu'on l'utilise pour faire de la glace.

Combiné avec le carbone, il produit le cyanogène, violent poison qui existe dans les amandes amères et l'acide prussique.

Pour obtenir l'azote, il suffit de faire brûler sous un récipient, soit du phosphore, soit du soufre, soit une bougie, dont la flamme s'éteint dès que l'oxygène est consumé (fig. 6 et 7).

Composition de l'eau.

L'eau, indispensable à la respiration et à l'alimentation, est une combinaison de deux volumes d'hydrogène pour un d'oxygène; ce qui se formule ainsi : 2 HO. On introduit ces deux gaz dans un solide tube de verre que l'on fait traverser par un courant électrique; ils s'enflamment en détonant violemment par le fait de leur dilatation, et à leur place on trouve de l'eau. En mettant une assiette froide au-dessus d'un bec de gaz allumé ou d'une bougie, on recueille également de l'eau, produite par la combustion ou combinaison de l'hydrogène du gaz avec l'oxygène de l'air (fig. 5).

Deux vessies étant remplies l'une d'oxygène, l'autre d'hydrogène, si l'on fait arriver les deux gaz à l'air par deux tubes se réunissant en un seul, la flamme qu'on y allume volatilise l'or, l'argent, et fond le platine et le silex ; la craie y prend un éclat éblouissant : c'est la plus haute température que l'on connaisse (3000°). Et que résulte-t-il de cette flamme, de cette combinaison ? De l'eau. La vapeur d'eau qui sort de notre bouche résulte de combinaisons semblables, qui ont lieu dans notre organisme.

Mystères de la nature : le feu produit l'eau, et réciproquement l'eau fournit les éléments les plus actifs du feu par sa décomposition !

Il a été dit comment on décompose l'eau par le voltamètre (fig. 97), en faisant arriver les fils d'une pile sous deux éprouvettes renversées dans un verre d'eau, c'est-à-dire en produisant de l'hydrogène.

L'eau se décompose aussi en présence du feu : le morceau de fer rougi qu'on y plonge la décompose ; l'oxygène se porte sur le fer, et l'hydrogène s'en dégage à l'état gazeux. Le forgeron arrose son foyer pour chauffer à blanc : la combustion y est activée par l'hydrogène et l'oxygène provenant de la décomposition de l'eau. L'hydrogène est le combustible qui produit le plus de chaleur. Pour les mêmes raisons, l'eau jetée sur un incendie en trop faible quantité, ou une pluie légère, active le feu au lieu de l'éteindre.

L'eau tient en dissolution de l'air où l'oxygène entre pour un tiers, ce qui la rend plus digestive. Il y en a 40 °/₀ dans l'eau de pluie. C'est pour s'approprier l'oxygène de l'air que les poissons le font passer par leurs branchies, et c'est faute d'air qu'ils meurent sous la glace. L'eau est indispensable à l'air que nous respirons, à nos aliments qu'elle dissout, pour les rendre assimilables. Elle contient du calcaire qui entre dans la formation des os et d'autres dissolutions utiles à notre organisme, bien que quelques-unes contenant du sulfate de chaux la rendent lourde et malsaine.

L'eau courante est préférable à l'eau stagnante, parce qu'elle s'aère davantage et se débarrasse des végétations et des animalcules qui rendent malsaines les eaux stagnantes. La plus pure est l'eau distillée ou filtrée et celle qui tombe du ciel après qu'une première averse a nettoyé l'air.

Les eaux calcaires sont impropres à la cuisson des légumes, aux savonnages, et incrustent les ustensiles de cuisine, les chaudières à vapeur. L'eau mise sur le feu fait entendre un chant dû à la sortie des bulles d'air dilatées par la chaleur. Pour que l'eau ainsi privée d'air redevienne digestive, il faut l'aérer en la transvasant à différentes reprises, et en la faisant tomber de haut.

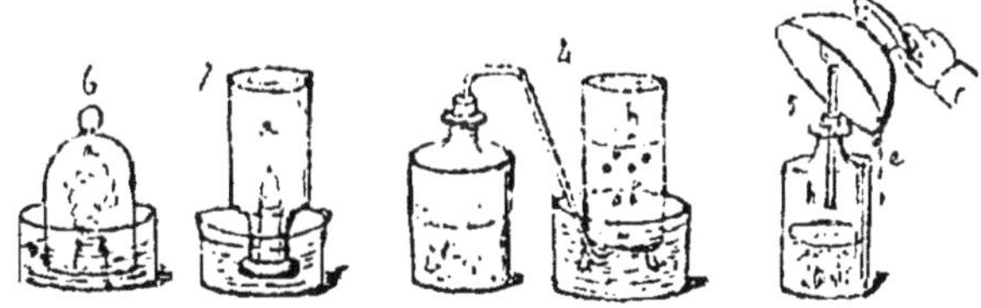

L'hydrogène est le plus léger de tous les gaz; il est quatorze fois moins lourd que l'air, qui pèse 1 gramme 3 par litre. On s'en sert pour gonfler les ballons. Il brûle avec une flamme bleu pâle, peu éclairante, mais très chaude. On la distingue à peine sur les foyers et les lampes. L'hydrogène pur peut être respiré sans danger, comme l'azote.

On produit de l'hydrogène en plongeant dans l'eau

un fer rouge ; le gaz soulève l'eau en bouillons pour s'échapper, et on peut le recueillir dans un verre renversé sur l'eau ; on peut même l'enflammer à mesure qu'il sort de l'eau.

On le produit encore en mettant, dans un flacon plein d'eau, des rognures de zinc sur lesquelles on verse quelques gouttes d'acide sulfurique. L'acide oblige le zinc à s'oxyder pour former un sulfate. Comme l'oxydation ne peut avoir lieu qu'avec l'oxygène de l'eau, celui-ci se sépare de l'hydrogène, qui s'échappe à l'état gazeux ; on le recueille sous une éprouvette (fig. 4) ou sous un verre renversé dans l'eau. Si on l'enflamme à sa sortie du flacon (fig. 5), il produit de la vapeur d'eau qu'on peut recueillir sous un vase froid. On en obtient aussi par le voltamètre.

Le **carbone** ou charbon pur est par excellence l'élément organique ; il forme la partie essentielle des végétaux et des animaux, puisque la plupart des corps soumis à l'action du feu se réduisent en charbon.

Le **charbon**, étant très poreux, absorbe les gaz, désinfecte et purifie ainsi les eaux et les viandes ; il détruit de même les matières colorantes en s'emparant de leur hydrogène, et sert à clarifier les jus, les sucres et les sirops.

Sur le feu, il crie et éclate, faute de conductibilité. Le *diamant* est du carbone pur cristallisé ; quand on le brûle, on obtient de l'acide carbonique sans résidu. Le diamant se taille en *roses* ou en *brillants*, avec la poussière du diamant délayée dans l'huile. Le *graphite* ou plombagine est aussi du carbone presque pur ; il est infusible et bon conducteur d'électricité. On en fait des crayons et des poudres pour lustrer les poêles en fonte, vernir le plomb de chasse, composer des graisses. Dans la galvanoplastie, on en met sur les corps mauvais conducteurs, pour leur donner la conductibilité voulue. Associé à l'hydrogène, il forme encore des carbures, tels que le gaz d'éclairage ; et des essences, telles que l'essence de térébenthine, de citron, de genièvre, etc., ayant des saveurs et des propriétés très différentes, bien que l'hydrogène et le carbone s'y trouvent en même quantité dans chacune d'elles. Ces différents résultent, dit-on, de l'arrangement chimique des molécules et sont encore un des mystères de la nature ; c'est ce qu'on nomme l'*isomérie*. En se combinant avec l'oxygène, le carbone produit la partie brillante de la flamme et l'*acide carbonique* répandu dans l'atmosphère. Repris à l'air et au sol par les végétaux, il entre dans leur contexture ; il est dans les huiles, dans les graisses, qui sont des carbures d'hydrogène ; dans le sang et les chairs, où il forme, par ses combinaisons avec l'oxygène, l'acide carbonique rejeté.

L'*acide carbonique* résulte de la combinaison de l'oxygène avec le carbone dans les foyers et les lampes, dans l'acte de la respiration et de la circulation du sang. Il se produit aussi dans les végétaux en décomposition, dans les fermentations du vin, de la bière, du pain, etc. Il rend les boissons mousseuses et leur donne une saveur piquante.

Le sol, par les matières qu'il tient en décomposition, en fournit une très grande quantité ; il compte pour 1/2000 environ dans l'atmosphère.

Quand on plonge un charbon ardent dans un bocal, on le voit bientôt s'éteindre, parce que, l'oxygène du bocal étant brûlé, il n'y reste plus que l'acide carbonique qui s'y est formé et l'azote, deux gaz impropres à la combustion et à la respiration. On ne doit donc pas entrer, sans se faire précéder d'une lampe, dans les caves et les endroits où se produit l'acide carbonique. Près de Naples, ce gaz, fourni par le voisinage du volcan, occupe le bas de la *grotte du chien* et s'en écoule comme l'eau d'une fontaine; le gaz, étant plus lourd que l'air, ne s'élève pas dans la grotte, de sorte qu'un homme peut s'y tenir debout sans danger, alors qu'un chien y meurt promptement. Une vallée près de Quito attire, par sa verdure d'autant plus riche que cet acide y abonde, quantité d'animaux y tombent comme noyés dans le gaz.

Le même fait se produit en Auvergne et près de Java, aux environs des volcans.

Dans l'ordre de la création, on voit apparaître les végétaux avant les animaux, parce que la terre en incandescence laissait échapper, par de nombreuses crevasses, une très grande quantité d'acide carbonique, qui eût tué les animaux, mais qui apportait aux plantes leur élément essentiel. Des arbres s'élevaient à cent mètres de hauteur, et une végétation riche et abondante, enfouie sous les bouleversements du globe à l'origine, nous préparait les mines de houille dans lesquelles nous puisons aujourd'hui.

L'acide carbonique répandu dans l'atmosphère est absorbé par les plantes pendant la nuit. A l'apparition du soleil, le gaz se décompose, l'oxygène se répand dans l'air et le rend plus salubre, pendant que le carbone se fixe dans la plante pour former sa contexture. Ce phénomène est visible sur les plantes aquatiques, qui, sous l'action du soleil, dégagent des bulles d'oxygène pur que l'on peut recueillir. C'est ainsi que, par une disposition providentielle, les végétaux et les animaux font échange des produits nécessaires à leur existence.

En se combinant avec la chaux, il forme des carbonates (pierres, marbres, etc.). Quand on verse sur

la craie un acide plus énergique, tel que l'acide sulfurique, il cède la place et s'échappe en produisant
une effervescence ; on fabrique des eaux gazeuses
par ce procédé.

Quand on souffle dans de l'eau de chaux à l'aide
d'un chalumeau, on voit se former un précipité blanc
qui est du carbonate de chaux, preuve que nous
exhalons de l'acide carbonique en grande quantité.

L'*oxyde de carbone*, autre produit de la combustion,
est un gaz délétère qui cause des maux de tête, des
vertiges, et produit l'asphyxie dans les chambres où
on a l'imprudence de fermer la clef des poêles ; il se
dégage aussi des marais et agit comme un poison sur
l'organisme.

Le bleu, à la base de la flamme d'une bougie, est
de l'oxyde de carbone.

L'*hydrogène bicarboné*, ou gaz d'éclairage, s'échappe
de la houille, chauffé en vase clos, ou de l'huile par
la distillation ; l'hydrogène donne au gaz sa facilité
d'inflammation, et le carbone, l'éclat de sa flamme.
Le même gaz se fabrique sur la mèche des bougies
et des lampes, sur le charbon des foyers, et y brûle
immédiatement, au lieu d'être conduit par des tuyaux
comme dans les usines. Ce gaz mêlé à l'air constitue
un mélange détonant, dont l'effet se produit en petit
quand on allume un bec de gaz, en grand dans les
maisons où il se produit des *fuites*. La détonation
résulte de la combinaison de l'hydrogène avec l'oxygène de l'air. C'est ce mélange qui tue les ouvriers
dans les mines de charbon quand il s'allume par
suite de quelque imprudence. Il se produit aussi
dans la vase des marais, et forme, en certains pays,
des fontaines ardentes et des rivières inflammables.
Le gaz des marais et celui des mines est de l'hydrogène protocarboné.

Le *sel d'oseille* est formé de carbone, d'oxygène et

de potasse; c'est un poison. On l'extrait des feuilles et des tiges de plusieurs *oxalis*, d'où *acide oxalique* ou *oxalate de potasse*. On s'en sert pour enlever les taches du linge, blanchir la paille, nettoyer les ustensiles en cuivre.

Le soufre, que l'on trouve en grande quantité aux environs des volcans dans les *solfatares*, existe aussi dans les choux, les navets, les oignons, les œufs, la laine, les cheveux, la matière cérébrale, etc. Il produit des sulfures en se combinant avec les métaux, et noircit l'argent dans les œufs, la peinture au blanc de plomb, dans les appartements exposés aux émanations des latrines, d'où il se dégage.

Le bâton de soufre chauffé fait entendre un cri qui tient à son peu de conductibilité.

L'*acide sulfureux* se produit quand on brûle du soufre en plein air, quand on enflamme des allumettes. Ses vapeurs blanchissent les fleurs, les taches de fruits, la paille, la soie, la laine, les plumes, etc. On l'emploie au soufrage des tonneaux, pour arrêter la fermentation, car il s'empare de l'oxygène et arrête ainsi l'acétification et l'action des ferments. On s'en sert également dans le traitement des maladies de la peau.

On obtient l'acide sulfureux par le grillage des pyrites de fer, minerai que l'on trouve dans la terre.

L'*acide sulfurique*, poison corrosif dangereux, est le réactif le plus énergique employé dans les laboratoires et l'industrie; il oblige presque tous les métaux à s'oxyder pour former des sels avec eux. Il ne bout qu'à 300°. On l'a vu décomposer l'eau pour oxyder le zinc et former un sulfate. En présence des matières végétales ou animales, il oblige l'oxygène et l'hydrogène qui s'y trouvent à former de l'eau, dont il est très avide, car il en absorbe plus de quarante fois son volume ; c'est ainsi qu'il charbonne le bois et brûle la peau. On en utilise en France plus de cent millions de kilogr. par an. Pour l'obtenir, on fait arriver la vapeur du soufre dans des caisses de plomb, où elle est dissoute par la vapeur d'eau et s'écoule avec une apparence huileuse, d'où le nom d'*huile de vitriol*.

L'*acide sulfhydrique*, ou hydrogène sulfuré, est un gaz infect qui se dégage des œufs pourris, des fosses d'aisance et des égouts, qui noircit les métaux et tue les animaux. On fait respirer, aux personnes asphyxiées par ce gaz, un mélange de vinaigre et de chlorure de chaux ; le chlore, plus énergique que le soufre, prend sa place et change la combinaison. La prudence exige que l'on aère les endroits d'où il se dégage, avant d'y introduire une lumière, qui pourrait déterminer une explosion.

Le *sulfure de carbone* est un liquide incolore et transparent très inflammable ; on l'obtient en faisant passer de la vapeur de soufre ou du charbon chauffé au rouge. Il est très employé pour dissoudre les graisses et les résines, qui résistent à l'action dissolvante de l'alcool. Il sert aussi à vulcaniser la caoutchouc et à dissoudre le phosphore.

Le **phosphore** est extrait des os, lesquels sont des phosphates et des carbonates de chaux. Il brûle dans l'air et s'enflamme au soleil. Dans l'obscurité, on le voit se dégager en flamme légère des tranches de poisson. On produit toute une fantasmagorie en formant avec du phosphore des dessins sur les murs d'une chambre privée de lumière. La chaleur de la main suffit à l'enflammer, et il cause des brûlures dangereuses. On le tient dans l'eau pour le conserver. On en fait une pâte destinée à empoisonner les animaux nuisibles. Mêlé au soufre, il sert à la confection des allumettes dont l'usage présente de nombreux dangers. Le phosphore rouge est *allotrope ;* c'est-à-dire que par suite d'un arrangement différent dans ses molécules, il n'est pas vénéneux, mais il est très difficile à allumer : il ne faut pas regarder comme non vénéneuses les allumettes teintes en rouge. Plus les corps sont divisés, plus ils s'enflamment facilement. La friction opérée sur l'allumette produit de la chaleur et divise les parcelles phosphorées. Le phosphore allume le soufre, et celui-ci, qui brûle plus longtemps, allume le bois. Pour empêcher le phosphore de s'enflammer à l'air, on trempe l'allumette dans une colle contenant un peu de sable. On a des machines qui fabriquent plusieurs millions d'allumettes par jour.

Les animaux tirent le phosphore des végétaux, qui le puisent dans le sol ; on le restitue au sol sous forme d'engrais, dans les débris d'animaux, les poudrettes, le guano, etc.

La phosphorescence de la mer est due à des myriades d'animalcules analogues au ver luisant. Roulés par les flots, ces animaux leur donnent, à certains jours, l'aspect de longues traînées de lumière et d'un liquide enflammé.

L'*hydrogène phosphoré* s'enflamme spontanément dans l'air sous forme de couronnes de vapeur blanche. Il se produit dans les cimetières, les marécages, et donne lieu aux *feux follets,* légères bulbes de gaz qui s'échappent des matières en putréfaction et s'enflamment à l'air.

Le **chlore** est extrait du peroxyde de manganèse, et du sel marin qui est un chlorure de sodium. On peut l'obtenir à l'état gazeux, et dans ce cas, on ne saurait le respirer sans danger. Combiné avec d'autres corps, il n'est plus malfaisant. On l'emploie dans le blanchiment des tissus, où il détruit les matières colorantes en s'emparant de l'hydrogène, qui leur sert de base. Son affinité pour ce corps est telle que le mélange des deux gazes détone sous l'action des rayons solaires pour produire l'*acide chlorhydrique* (acide muriatique ou esprit de sel), d'une odeur insupportable et dangereuse, employé pour décaper, nettoyer les métaux que l'on veut souder. Cet acide, que l'on nomme aussi *pierre de touche*, attaque tous les métaux sauf l'or; mais en le mêlant à l'acide nitrique, on obtient *l'eau régale*, le seul liquide qui puisse dissoudre l'or et le platine ; il se forme alors un *chlorure d'or*, qui sert à dorer la porcelaine.

Le chlore attaque les métaux plus énergiquement que l'oxygène.

L'*eau de Javel* des blanchisseurs est du chlorure de potasse.

Le chlorure de chaux est employé comme désinfectant dans les chambres mortuaires, dans les hôpitaux, dans les latrines, les égouts, etc. Le chlorate de potasse est employé dans les allumettes, les feux d'artifice, les poudres fulminantes. On en extrait l'oxygène.

Métaux.

Les métaux, le mercure excepté, sont des corps solides ayant un éclat particulier. Ils sont bons conducteurs de la chaleur et de l'électricité, forment des oxydes servant de bases à la production des sels. On les trouve dans la nature à l'état d'oxydes, de carbonates, de sulfures, etc. Il suffit de fondre ou de griller le minerai pour obtenir le métal. Associés entre eux, ils forment des alliages, tels que le laiton, le fer-blanc. Les *alliages* ont des propriétés autres que celles des métaux dont ils sont formés : ils s'oxydent moins et on les emploie dans la bijouterie en faux ; ils sont plus durs ; on en fait des bronzes, des monnaies, de la vaisselle ; ils ont plus de sonorité, on en fait des cloches ; ils sont plus fusibles, comme la soudure des plombiers, et l'alliage de Darcet qui fond à 90° et même à 70°. Les métaux se combinent entre eux dans toutes proportions et non en proportions définies.

Le **fer** est le plus utile des métaux ; sa ténacité est telle qu'un fil de 4 millimètres de diamètre peut suspendre un poids de plus de 500 kilogr. On fait des ponts suspendus en fil de fer. Par la fusion du minerai dans les hauts fourneaux, on obtient la fonte, mélange de fer et de charbon, dont on fait les poêles, les ustensiles de cuisine et les pièces de machines. Par l'action du feu, on affine la fonte, on la débarrasse du charbon et des matières étrangères, puis on le fait passer sous des marteaux, des cylindres, des laminoirs, entre des filières qui en font des barres de fer, des feuilles de tôle, des fils de fer (fig. 8 et 9).

C'est encore par la fusion et le travail de la fonte et du fer que l'on obtient l'acier, qui est d'un grain plus fin, plus dur et plus cassant, après qu'il a été trempé.

On distingue 1° l'*acier naturel* obtenu directement

par l'affinage de la fonte; on en fait des armes, de la grosse coutellerie; 2° l'*acier cimenté* que l'on prépare en chauffant du fer en barre dans un bain de charbon, de suie et de sel marin; 3° l'*acier fondu* employé pour la coutellerie fine, les ressorts de montre, les pièces de machines très dures.

Pour préserver le fer de l'oxydation, on le plonge dans un bain d'étain ou de zinc; on le recouvre de nickel, de cuivre, d'argent ou d'or par la galvano-plastie et d'autres procédés.

Le fer donne au sang sa couleur rouge et entre pour près d'un dixième dans sa composition. Les ocres et le rouge d'Angleterre employés en peinture sont, comme le sang, des oxydes de fer. Le fer, combiné avec l'acide sulfurique, donne le sulfate de fer, couperose verte ou *vitriol vert*, qui sert à la teinture et à la désinfection des fosses d'aisance.

Le **cuivre** est, après le fer, le plus utile et le plus solide des métaux. Il se ternit lentement à l'air et forme un carbonate de cuivre appelé *vert de gris*. Le vinaigre, les acides et les graisses forment aussi avec le cuivre des composés dangereux ; on doit pour cette raison étamer les ustensiles de cuisine qui sont en cuivre. Il entre dans la composition du *bronze* pour les cloches, les canons, la statuaire ; du *laiton* pour les instruments de musique, les bijoux, les épingles et divers ornements. Le *chrysocale* est un alliage de cuivre, de zinc et de plomb ; le *maille-chort* de cuivre, de zinc et de nickel. Des vernis conservent l'éclat et le brillant de ces alliages. Le *sul-fate de cuivre* ou vitriol bleu est employé en teinture, au chaulage des blés et à la conservation des bois qui en ont été imprégnés.

L'**or** est le plus ductible et le plus malléable des

métaux. Il fond à 1.200°. Un fil d'or pesant un gramme peut avoir 3.000 mètres de long ; on peut le réduire en feuille d'un dix millième de millimètre. Son prix vient de ce qu'il ne se ternit point à l'air. On allie le cuivre à l'or pour en augmenter la dureté. On recouvre de feuilles d'or le bois, le plâtre, etc. Autrefois les métaux étaient dorés au feu, aujourd'hui on les dore plus ordinairement par la galvanoplastie. On dore la porcelaine avec le chlorure d'or.

L'argent est, après l'or, le plus ductible et le plus malléable des métaux ; un mélange de sept parties d'or pour trois parties d'argent s'appelle *or vert*. On allie l'argent au cuivre pour la fabrication des monnaies, de l'argenterie et des bijoux. L'argent noircit aux émanations sulfureuses et se couvre d'un sulfure d'argent. Les composés d'argent, très impressionnables à la lumière, sont utilisés dans la photographie.

Le nitrate d'argent ou *pierre infernale* sert à cautériser les plaies. Le nitrate d'argent est un poison.

Le platine est le plus lourd, le moins altérable et le moins fusible de tous les métaux. On en fait des creusets pour fondre les matières exposées à une grande chaleur, et on en garnit la pointe des paratonnerres. Il ne fond qu'à 2000°.

Le nickel est le plus lourd des métaux usuels. Comme il s'altère peu à l'air, on en fabrique des monnaies et on en recouvre les objets métalliques pour leur donner du brillant ; il forme de très beaux alliages avec le cuivre, le zinc et le fer. Beaucoup d'ustensiles, autrefois étamés, sont aujourd'hui *nickelés*. Sa couleur rappelle l'argent.

Le mercure ou vif argent ne s'oxyde que par

l'ébullition à 350°, ne se solidifie qu'à — 40°, et se volatilise à la température ordinaire. Il forme avec les autres métaux des alliages ou combinaisons liquides appelées *amalgames;* il faut donc se garder de plonger un bijou en métal dans un bain de mercure. Avec les amalgames d'or et d'argent on dore et on argente; le mercure se volatilise et le métal reste appliqué; avec celui d'étain on met les glaces au tain. C'est avec un amalgame de bismuth qu'on donne aux globes de verre une apparence métallique. Le blanc d'œuf est le meilleur antidote à employer contre les composés vénéneux du mercure ; parce qu'ils forment avec lui des composés insolubles. Le vermillon et le cinabre, couleurs rouges, sont des sulfures de mercure. Le *calomel*, chlorure mercureux ou mercure doux est insoluble, pas vénéneux ; il est vermifuge et purgatif et on en fait une pommade pour la peau. Associé au chlore, il forme le *sublimé corrosif* ou chlorure mercurique, poison violent.

L'étain, le plus fussible des métaux, fond à 228°; il est allié au plomb pour former la *soudure,* il sert à l'étamage du fer, du cuivre ; on en fait des vases pour les boissons. Les glaces sont recouvertes d'une feuille d'étain à l'aide d'un amalgame de mercure. Il entre dans les alliages du bronze, du laiton, du métal anglais, du métal d'Alger, etc. Le chlorure d'étain et d'antimoine donne la poudre dorée qui sert à bronzer le plâtre.

Le plomb fond à 330°; il est mou et peu tenace, il prend la forme qu'on veut lui donner, ce qui le rend d'un emploi facile dans les toitures et les conduites d'eau ou de gaz. Les caractères d'imprimerie sont faits d'un alliage de plomb et d'antimoine. On obtient le plomb de chasse en versant du plomb fondu sur une plaque trouée, à une certaine hauteur; les gouttes, en tombant, prennent la forme sphérique et se refroidissent dans des cuves pleines d'eau. Les grains sont ensuite triés à l'aide de cribles.

Les graisses, le vin et les acides forment avec le plomb des composés vénéneux. La première eau qui a passé par les tuyaux de plomb doit être rejetée. Le *minium* et le rouge orange sont des oxydes de plomb employés en peinture. On s'en sert pour rougir la cire à cacheter.

La *litharge* rend les huiles de lin siccatives et entre dans le bronzage des poteries, la composition du verre et des couleurs jaunes. Le sulfure de plomb sert au vernissage des poteries communes; ce qui les rend d'un emploi dangereux.

Le carbonate de plomb ou *blanc de céruse* occasionne des maladies aux ouvriers qui le fabriquent ou l'emploient.

Le **zinc** est employé dans la couverture des bâtiments, la fabrication des ornements, des statuettes et des dessus de pendule; c'est le bronze du pauvre. L'oxydation du zinc, comme celles de l'étain, du plomb, du cuivre, est imperméable à l'air et arrête toute autre. Le zinc forme avec les acides et les graisses des composés vénéneux : on ne peut en faire des ustensiles de cuisine. Il a beaucoup d'affinité pour l'oxygène et brille d'une vive lumière dans les feux d'artifice. Il est employé dans les piles galvaniques.

L'oxyde de zinc ou *blanc de zinc* est utilisé en peinture à l'intérieur; il n'a pas les inconvénients du blanc de céruse et ne noircit pas aux émanations sulfureuses ; mais il couvre moins bien et ne résiste pas à l'extérieur.

L'étamage du fer par le zinc est plus solide que celui de l'étain ; il s'y produit un effet galvanique qui fait porter l'oxygène sur le zinc et préserve le fer de l'oxydation : de là le nom de fer galvanisé donné au fer zingué.

Le **calcium** forme l'oxyde appelé *chaux* qui entre dans la composition des mortiers, la fabrication du verre, le dégraissage des laines et des peaux, l'épuration du gaz, l'amendement des terres, le chaulage des blés à ensemencer. On obtient la chaux en chauffant dans des fours la pierre calcaire pour en chasser l'acide carbonique et n'y laisser que l'oxyde ; en cet état, c'est de la chaux vive. Si on y ajoute de l'eau, elle s'échauffe, absorbe l'eau par affinité, foisonne et devient de la chaux éteinte. Employée, elle absorbe en séchant l'acide carbonique de l'air et redevient pierre ou carbonate de chaux. Avec le lait de chaux, on badigeonne les édifices à l'intérieur et à l'extérieur. Par son affinité pour l'acide carbonique et l'hydrogène sulfuré, elle assainit les appartements et les écuries, les fosses d'aisance, etc. On en recouvre les arbres fruitiers au printemps pour détruire les parasites.

La *chaux hydraulique* provient de pierres calcaires contenant de l'argile ; elle a la propriété de durcir sous l'eau selon ce qu'elle contient d'argile. Une composition d'argile et de craie, soumise à la cuisson, fournit le *ciment romain* qui durcit très promptement. Les pouzzolanes ont des propriétés analogues, elles contiennent les mêmes matières.

Le *carbonate de chaux* comprend les pierres à bâtir, la craie, les marbres, les albâtres, les écailles d'huîtres, etc. Il forme les sols calcaires et pierreux.

Le *sulfate de chaux* ou plâtre (gypse) se trouve dans le sol, surtout aux environs de Paris. Il suffit de le soumettre à l'action du feu pour l'avoir tel qu'il est employé en agriculture et dans les arts. Le feu le débarrasse de son eau et le rend friable. En reprenant l'eau il reprend sa dureté. Broyé et répandu sur les cultures, il stimule la végétation, parce que le soufre entre dans la formation de presque tous les végétaux. Répandu sur le fumier, il y retient l'ammoniaque. Coulé dans des moules, après avoir été détrempé, il fournit de grandes ressources à la statuaire et à l'ornementation des édifices. On l'unit aux mortiers qui doivent sécher promptement. Pétri à chaud avec de la colle, il forme le stuc, qui peut être poli comme le marbre ; trempé dans la stéarine, il prend l'aspect de l'ivoire. En y associant des ocres et diverses couleurs, on obtient des objets d'art d'une grande variété et à bon marché. Il faut regretter que la facilité avec laquelle on peut reproduire ou imiter en plâtre les œuvres de sculpture, répande partout des représentations que l'art permet dans les lieux où il a sa place et sa signification, mais que le bon sens et la pudeur devraient éloigner d'ailleurs.

Les musées, destinés à former les artistes, offrent aux regards des peintures et des sculptures qu'il faut regarder avec les yeux de la science et non avec ceux de la sensualité, sous peine de laisser entrer dans son cœur des pensées coupables. La jeunesse ne peut sans danger fréquenter les musées : il est déplorable qu'on lui mette sous les yeux, dans les places publiques, les étalages, ce qui lui interdit l'entrée des musées, ce que la décence ne lui permet pas de regarder ; qu'elle voie, jusqu'au sein des familles, ces représentations païennes occuper la place réservée autrefois aux images des saints.

Le potassium produit la potasse, qui se trouve

dans la terre et les végétaux. On l'extrait des cendres des végétaux et des résidus de la distillation des mélasses. On l'emploie à la fabrication du savon noir, au dégraissage et au blanchissage du linge. Dans les pauvres ménages, des cendres, étendues au-dessus du linge, dans un cuvier, lui cèdent leur potasse dissoute par l'eau tiède, et il se forme, avec les acides gras du linge, un savon qui les emporte. Les potasses sont extraites des plantes que l'on brûle dans les savanes et les bois, en Russie et en Amérique.

Les cendres, répandues sur les terres à cultiver, restituent aux plantes la potasse dont elles ont besoin.

L'*azotate* ou *nitrate de potasse* (salpêtre) se produit à l'air, sur les vieux murs, en cristaux blancs d'une saveur salée. Mêlé au soufre et au charbon pilé, il sert à fabriquer la poudre de chasse. On le trouve abondamment sur le sol en Égypte, en Espagne, aux Indes et au Pérou.

L'*alun* est un sulfate d'alumine et de potasse; on l'emploie à la teinture, à la fabrication des papiers et des cuirs, dont on veut conserver les poils, etc.

Le **sodium**, dont l'oxyde produit la *soude,* se trouve dans les eaux de la mer, dans le sel marin, dans les plantes qui croissent sur les terrains salés. Associée aux graisses et aux huiles en ébullition, la soude comme la potasse produit des savons pour la toilette et le dégraissage.

Les cristaux de potasse ou de soude du commerce sont des carbonates de potasse ou de soude.

Le *chlorure de sodium,* ou sel marin, est en dissolution dans les eaux de la mer. On l'obtient en faisant évaporer et écouler l'eau des marais salants, vastes bassins établis au bord de la mer. On le trouve aussi dans le sol; il y a des mines de sel gemme enfouies, comme il y a des mines de houille, et il en sort des sources d'eau salée. Pour le raffiner, on le fait dissoudre dans de grandes chaudières, on remue et on laisse évaporer. On l'emploie dans l'alimentation des hommes et même des animaux comme stimulant; il active aussi la végétation. On en extrait le chlore et la soude. Il sert au vernissage des poteries communes. Pilé avec de la glace, il peut produire un froid de 40 degrés; il est très hygrométrique.

Le *borate de soude* ou borax est employé dans la soudure des métaux et la fabrication des verres et des cristaux.

Le calcium, le potassium et le sodium ont l'éclat métallique, mais comme ils ont une très grande affinité pour l'oxygène, ils s'oxydent très vite pour produire la chaux, la potasse ou la soude. Cette affinité est telle, qu'ils brûlent dans l'eau pour s'emparer de son oxygène. On a réussi à les isoler par l'action puissante de la pile.

MATIÈRES ORGANIQUES

Dans la chimie inorganique, vue jusqu'ici, les phénomènes résultent des affinités chimiques et de l'arrangement des atomes et des molécules. Ces phénomènes, on les constate, on les décrit, mais sans pouvoir les expliquer et les comprendre. On dit : tel corps a une très grande affinité pour tel autre. Pourquoi? On l'ignore.

Dans la chimie organique, qui va suivre, celle qui étudie les êtres vivants, on parle aussi d'actions mécaniques (les mouvements), d'effets chimiques (la nutrition), mais ces distinctions ne sont établies que pour aider à l'imperfection de nos moyens d'observation. Après avoir parlé de la structure des corps vivants et des affinités qui s'y produisent, il faut constater en outre des forces vitales tout à fait inconnues, qu'on désigne par des expressions qui ne font que masquer notre ignorance, et ne donnent point le dernier mot sur la cause première des mouvements, de la vie et de la mort.

La science doit s'arrêter devant ces grandes questions, et avouer son impuissance. Il se trouve des hommes assez peu éclairés pour croire que la science finira par triompher de la nature et par lui dérober ses secrets. Mais le vrai savant méprise ces fanfaronnades, il ne sent que trop son ignorance, en face des lois qui président à l'existence et à la conservation de tous les êtres. Newton, après avoir découvert les lois de l'attraction, se compare à un enfant qui s'estime heureux d'avoir ramassé un beau coquillage au bord de l'Océan, dont l'immensité échappe à ses yeux.

Les végétaux et les animaux sont composés d'oxygène, d'hydrogène, de carbone et d'azote, substances de l'air et de l'eau. La silice, l'alumine, le sel, le soufre, le phosphore, la chaux et quelques oxydes métalliques s'y ajoutent dans de faibles proportions : ainsi, il y a du fer dans le sang, des phosphates dans les os, du sel dans les humeurs, de la silice dans les plantes. C'est dans l'acte de la végétation et de la vie animale que la nature transforme ces substances, pour constituer des organes dans lesquels la chimie peut bien les retrouver et les reconnaître, mais sans pouvoir les imiter. Il serait absurde de supposer que la science réussisse jamais à former des corps organisés, si simples qu'on les imagine : le principe fécondant et vivifiant lui manquera toujours.

Substances végétales. — Les végétaux sont formés d'un tissu qui a pour point de départ la *cellule*. Vues au microscope, toutes leurs parties sont elles-mêmes formées de cellules; la végétation ajoute une cellule à l'autre, et peu à peu les cellules, associées et serrées, produisent les fibres; la plante prend dans le sol et dans l'atmosphère la forme, les saveurs et les parfums qui lui sont propres.

L'eau, absorbée par les racines avec les matières qu'elle tient en dissolution, arrive dans les feuilles, où sous l'action de l'air et de la lumière, elle subit diverses transformations; et devient le *cambium*, qui redescend dans la plante pour son accroissement et ses qualités propres.

La matière des végétaux ou des cellules est la *cellulose* formée de carbone, d'hydrogène et d'oxygène. Par l'effet, d'une sorte de ferment azoté, la *diastase*, le grain mis en terre, devient laiteux, gommeux, sucré, pour nourrir la jeune plante. De même par l'action de l'acide sulfurique étendu d'eau, on transforme la cellulose, le bois, en *dextrine*, matière gommeuse, employée dans les sirops, les tisanes, les pains de luxe, les apprêts et les encollages.

La *dextrine* est transformée de la même manière en *glucose* ou sucre de raisin, matière sucrée, toute formée dans les fruits, et paraissant en petits grains sur le raisin de table et les pruneaux. On en extrait l'alcool dans les distilleries; les brasseurs, les confiseurs, les liquoristes l'emploient pour augmenter la richesse de leurs produits sucrés ou alcooliques. Il ne cristallise pas, mais il remplace ainsi dans l'industrie le sucre cristallisé de la canne et de la betterave. On l'extrait des fécules qui sont formées de petits grains, tels que ceux du tapioca.

La fécule de la pomme de terre râpée s'obtient par le lavage de la pulpe. Le tapioca est la fécule d'une

plante cultivée dans l'Amérique du Sud : le manioc.
Le sagou provient de la moelle de certains palmiers.

L'amidon est la fécule du blé. Si on lave de la pâte
dans l'eau froide, la fécule s'écoule ayant la blancheur du lait. Dans l'eau chaude, elle produit l'em-
pois dont on connaît les usages. Les confiseurs s'en
servent dans la fabrication des dragées. Pour comprendre comment ces substances se transforment
facilement en sucre, il suffit de rapprocher la formule
de l'amidon, de la cellulose et de la dextrine, qui est
$C^{12} H^{10} O^{10}$, de celle du sucre qui est $C^{12} H^{11} O^{11}$.

L'alcool étant extrait du sucre des fécules, on voit
ce que signifient les expressions *eau-de-vie de pommes
de terre, eau-de-vie de grain*.

La matière amylacée est abondamment répandue
dans les organes des plantes, des racines aux graines.

Le **sucre** cristallisé est extrait de la canne à sucre,
broyée et pressurée ou de la betterave râpée et réduite en pulpe que l'on presse dans des sacs en tissu
de laine.

Le jus de la canne à sucre qui contient le sucre
tout formé, est cuit dans des chaudières. On l'épure
en le filtrant et en l'évaporant. La liqueur concentrée
est versée dans des bassines où elle cristallise en se
refroidissant : c'est la *cassonade*. La *mélasse* est ce
qui n'a pas cristallisé.

Pour raffiner la cassonade, on la dissout dans l'eau
chaude; on y ajoute un peu d'eau de chaux, de noir
animal et de sang de bœuf. Ces substances déco-
lorent le sucre, s'emparent des matières étrangères
et forment une écume qu'on enlève. On filtre, on
évapore, puis on verse dans des formes coniques où
se produit la cristallisation. L'évaporation dans le
vide permet de concentrer les jus sucrés à une basse
température, sans qu'il y ait altération du sucre.

Pour obtenir le sucre de betterave on fait bouillir le jus, en y ajoutant de la chaux pour neutraliser les acides qui tendent à se former, et on enlève l'écume. Après avoir filtré avec du noir animal, à différentes reprises, on fait la cuite à une température de 112 à 115 degrés. On laisse refroidir et cristalliser. Ce sucre brut ou cassonade est ensuite raffiné.

Le sucre chauffé jaunit, brunit et se caramélise à 200 degrés.

Le sucre candi se forme en cristaux par une évaporation lente. Les sucres d'orge, de pomme résultent d'une évaporation rapide, dans un sirop de sucre cuit et aromatisé.

Fermentations. — On nomme *ferments*, *levures*, des êtres organisés ou microbes, amenés par l'air et dont la présence facilite l'oxydation des matières en fermentation. Leur travail y fixe l'oxygène; et par eux, toute substance finit par rentrer dans les éléments primordiaux, en subissant des transformations successives. Tel ferment convertit la glucose en acide lactique (lait aigri), tel autre la convertit en alcool, et tel degré d'oxydation de l'alcool produit l'acide acétique ou vinaigre; sans eux, la décomposition des matières végétales ou animales ne serait jamais complète.

Les fermentations putrides se développent à l'air avec le concours de la chaleur et de l'humidité; elles cessent à l'abri de l'air, par le froid et la sécheresse. Voilà pourquoi on enferme les *conserves* dans des boîtes d'où on a chassé l'air par la chaleur, avant de les fermer hermétiquement ; on soustrait autant que possible les blessures à l'action de l'air; on entoure de glaces les viandes à conserver, à transporter ; on fait sécher les fruits, le poisson, les viandes pour les conserver. Les aliments gelés se conservent jusqu'à ce qu'on les dégèle : des éléphants, enfermés dans les glaces de la Sibérie, ont été retrouvés entiers après plusieurs siècles.

Les viandes, desséchées, salées, fumées, se conservent mais à l'abri de l'humidité.

Les matières azotées, qui sont dans les substances animales, forment promptement avec l'humidité de l'ammoniaque, dont l'infection se complique des émanations produites par les composés du soufre et du phosphore. Selon les cas, on désinfecte avec le charbon de bois, la chaux vive, le chlorure de chaux, le sulfate de fer, l'acide phénique, l'alcool qui, étant avide d'hydrogène, est aussi un antiputride. On doit recouvrir de terre les trous où pourrissent les débris de viande, de fruits et de légumes, et enfouir les bêtes mortes.

L'alcool est un produit de la fermentation des matières sucrées; il bout à 78°. Si on met ensemble 5 parties de sucre, 20 parties d'eau et un peu de levure ou ferment, à une température de 15 à 20 degrés, la liqueur fermente, se dédouble en dégageant de l'acide carbonique et de l'alcool.

C'est ce qui se produit dans les distilleries, dans les caves, où le sucre du raisin se change en ces deux substances ; dans les entonneries, où la glucose se transforme également en acide carbonique et en alcool nécessaire à la qualité de la bière. L'acide carbonique et l'alcool résultent des combinaisons du carbone avec l'oxygène par le travail de la fermentation, l'alcool contient en outre de l'hydrogène. On voit que, si tous les végétaux peuvent être amenés à l'état de sucre, tous peuvent produire de l'alcool. Sa formule ordinaire est $C^2 H^6 O$.

Le **vin** se forme par la fermentation des matières

sucrées du raisin. Cette fermentation commence à une température de 15° et s'achève à 30° ; elle doit être assez rapide pour prévenir la formation de l'acide acétique qui résulterait d'un travail prolongé de l'oxygène. Le raisin, que l'action du soleil n'a pas suffisamment sucré, produirait du vinaigre et peu d'alcool, si l'on n'y ajoutait pas de sucre. On ajoute au contraire de l'eau aux vins du midi qui possèdent trop de sucre, et qui gardent leur saveur sucrée même après la formation de l'alcool, et sont appelés *vins de liqueurs*. On produit les *vins doux* en réduisant la liqueur par la chaleur et en arrêtant ainsi la formation de l'alcool.

On rend les *vins mousseux* en fermant les bouteilles avant la fin de la fermentation ; une addition de sucre ou d'alcool ajoute à leurs qualités. Si on tire le vin avant la fermentation dans la cuve, il reste blanc ; les vins ne deviennent rouges qu'au moment où la formation de l'alcool est suffisante pour dissoudre dans le liquide la couleur du raisin.

La quantité d'alcool dans les vins est en moyenne de 10 à 12 pour cent, elle est de 20 à 25 dans les vins de Porto et de Madère, elle n'est que de 6 à 8 dans les vins faibles.

Les cidres en contiennent de 5 à 9, et les bières de 2 à 6. On préserve les vins de plusieurs maladies en les chauffant à 60° avec les précautions nécessaires pour que l'alcool ne s'en dégage pas.

Le **cidre** se fait avec le jus des poires et plus souvent des pommes écrasées et que l'on met sous le pressoir, après les avoir délayées dans l'eau. Sa fermentation étant très lente, on boit longtemps le cidre doux et sucré. Mis en bouteilles, il continue de fermenter, et produit une boisson mousseuse agréable, quelquefois supérieure au vin médiocre.

La **bière** est fabriquée avec de l'orge germée dans laquelle se forme la glucose qui doit produire l'alcool de la boisson.

Après avoir trempé l'orge dans l'eau, on l'étend à une température de 15°. Le germe étant sorti, on sèche l'orge et on la moud. Cette mouture ou malt est agitée dans l'eau chaude. La diastase agit sur le malt au moment où on le détrempe pour obtenir le moult, et la liqueur prend une saveur sucrée. On fait écouler cette liqueur que l'on concentre et à laquelle on ajoute le houblon dont le principe résineux et amer l'empêche de se corrompre par la fermentation acide. On la verse ensuite dans de grandes cuves à une température de 20°, et on y ajoute de la levure pour provoquer la fermentation alcoolique, puis on la met dans des tonneaux où la fermentation s'achève.

Si on y ajoute de la glucose et de la mélasse, la bière sera plus alcoolisée. On la clarifie avec de la colle de poisson.

Les oxydations successives de l'alcool produisent d'abord les éthers, les essences, les odeurs de fruits ; une oxydation plus profonde produit les acides. Les éthers sont très volatils et très inflammables, les vapeurs qui s'en dégagent s'enflamment à distance et communiquent le feu au liquide. La vapeur de l'éther sulfurique détruit momentanément la sensibilité, et permet ainsi de faire des opérations chirurgicales très douloureuses. Le chloroforme, moins dangereux que l'éther sulfurique, produit les mêmes effets ; c'est un composé d'alcool et de chlorure de chaux. L'alcool est soluble dans l'eau, il en contient toujours plus ou moins. L'*eau-de-vie* contient moitié d'alcool et moitié d'eau. Les 3/6 marquent 36° à l'aréomètre de Cartier. Pour obtenir l'alcool pur, il faut le distiller plusieurs fois ; on diminue encore sa quantité d'eau au moyen de la chaux.

De quelques acides organiques.

Le *vinaigre* ou *acide acétique* résulte d'une oxydation éprouvée par l'alcool contenu dans le vin, le
cidre, la bière.

La formule de l'alcool est $C^2 H^6 O$, celle du vinaigre
est $C^2 H^4 O^2$; plus d'oxygène, moins d'eau. Les aliments aigris en contiennent. On l'obtient encore par
la distillation du bois en vase clos, mais celui-ci a
une odeur de goudron et n'a pas les aromes du
vinaigre de vin. Le vin se transforme en vinaigre,
par la présence d'un végétal, sorte de pellicule ou
de moisissure, qui fixe l'oxygène sur l'alcool et qu'on
nomme *mère* ou *fleur de vinaigre.*

Il suffit donc, pour obtenir du vinaigre, de verser
du vin dans un reste de vinaigre sur lequel surnage
ce végétal et d'y laisser arriver l'air; les tonneaux où
il se forme sont percés de trous à cet effet. A mesure
qu'il se forme, le vinaigre, plus lourd que l'alcool,
descend et laisse celui-ci s'oxyder, à la surface du
liquide.

L'acide acétique extrait de l'acide pyroligueux, ou
vinaigre de bois, forme, avec le plomb, le cuivre, le
fer, des acétates employés comme mordants pour la
teinture des tissus. L'eau blanche est un sous-acétate
de plomb.

L'*acide tartrique* se trouve dans le raisin, associé
à la potasse et à la chaux; il se dépose en croûtes
dans les tonneaux. On le trouve en petits cristaux
au fond des bouteilles où le vin a été conservé. Il
existe aussi dans un certain nombre de fruits et de
végétaux. On fabrique des eaux gazeuses avec l'acide
tartrique et du bicarbonate de soude. L'émétique qui
est un purgatif des plus énergiques, et qui, pris à

forte dose, amènerait la mort, est un tartrate de potasse et d'antimoine.

L'acide tannique ou tannin est dans l'écorce du chêne, de l'orme, dans la noix de galle et d'autres substances telles que les pommes aigres, les tiges d'artichauts qui noircissent au contact du fer. On l'emploie avec des oxydes de fer pour la teinture en noir; mais son utilisation principale se trouve dans le tannage des peaux avec lesquelles il forme un composé imputrescible. Il conserve aussi les vins qui le prennent dans les rafles durant la fermentation du mou de raisin.

L'acide citrique du citron et *l'acide lactique* du lait sont connus.

Panification. — Les farines contiennent principalement des grains de fécule. On reconnaît au microscope les substances que la fraude y introduit. La fécule de pommes de terre s'y reconnaît à la forme et à la grosseur des grains.

Les fécules ont toutes la même composition chimique; celles des céréales contiennent en outre le *gluten* qui forme les parois des cellules renfermant les grains d'amidon. On le retire de la pâte en la lavant sous un fil d'eau qui entraîne l'amidon et s'écoule avec la blancheur du lait, alors que le gluten a l'apparence grisâtre et visqueuse. C'est le gluten qui constitue la colle de la farine. Il contient de la caséine, de l'albumine, de la fibrine, de l'azote et forme ainsi la partie la plus nourrissante des farines : celle du blé renferme environ un cinquième d'azote. Il fermente très facilement, et en faisant *lever* la pâte, il rend le pain plus facile à digérer. Si on le laisse trop fermenter, il devient liquide; la pâte tombe et devient aigre, parce que trop de fermentation produit l'acide acétique qui dissout le gluten.

Cette fermentation qui s'obtient soit par la levure de bière, soit par le *levain* est la fermentation alcoolique, qui change la dextrine et la glucose des fécules en alcool et en acide carbonique dont le dégagement produit les trous dans le pain. Toute farine dépourvue de gluten ne peut donc convenir à la fabrication du pain; il y en a peu dans le riz et le maïs et on ne peut faire du pain de pommes de terre. Le gluten forme la partie essentielle des macaronis, des vermicelles, des pâtes d'Italie.

Substances végétales et animales.

Huiles et graisses. — La graisse est un composé de petits globules qui, déchirés par la chaleur, laissent couler une matière huileuse. Ces globules sont analogues à ceux des fécules, avec cette différence que la matière est gommeuse dans les fécules et qu'elle est huileuse dans les graisses.

Saponification. — Les corps gras existent en abondance dans les végétaux et dans les animaux. Ils ne sont pas solubles dans l'eau; mais ils le sont dans l'alcool, l'éther, la benzine, le sulfure de carbone. Ils sont formés d'acides gras appelés acides *margarique, stéarique, oléique,* combinés avec une huile douce et sucrée, la glycérine.

Leurs combinaisons donnent la margarine, la stéarine, l'oléine. Mises dans l'eau chaude en présence d'un alcali en dissolution, tel que la potasse, la soude ou la chaux, elles se dédoublent; les acides abandonnent la glycérine et se portent sur l'alcali pour former des sels chimiques nommés *savons.*

Une dissolution de soude ou de potasse suffirait pour nettoyer le linge, parce qu'elle formerait savon avec la graisse du linge; mais ces substances endommageraient le tissu et attaqueraient les mains : c'est pour modérer leur action qu'on les associe à des corps gras. Les savons de potasse sont mous, ceux de soude sont durs. Le suif forme un savon plus dur que l'huile d'olive, qui est employée de préférence pour les savons de toilette. Le savon blanc est le plus pur, mais il contient près de moitié d'eau, car il s'hydrate; il y en a moins dans le savon marbré. Le savon transparent a été dissous à chaud dans l'alcool et refroidi dans des moules. Les savons sont colorés et aromatisés par l'addition de substances diverses. Un peu de résine les rend mousseux.

La glycérine est très employée dans la parfumerie, on s'en sert dans la médecine et la pharmacie. Combinée avec l'acide nitrique, elle produit la nitro-glycérine, composé explosif dangereux, qui, mêlé à certaines poudres minérales, produit la dynamite employée dans l'exploitation des carrières et dans l'art militaire. La margarine est de la graisse humaine; elle existe en abondance dans la graisse vendue sous le nom de beurre de margarine; elle est presque pure dans l'huile d'olives. La stéarine sert à la fabrication des bougies.

Bougies. — Pour fabriquer les bougies, on convertit d'abord le suif en un savon de chaux. Ce savon, pulvérisé et chauffé dans un mélange d'eau et d'acide sulfurique, se décompose; l'acide se porte sur la chaux, et il se forme un sulfate de chaux, qui met en liberté l'acide stéarique. Cet acide refroidi et durci, est mis sous la presse hydraulique, où il se débarrasse d'une partie huileuse appelée *oléine*, qui sert à faire des savons. On le fond ensuite et on le coule dans des moules. Aujourd'hui on est parvenu à saponifier directement les graisses par l'acide sulfurique. La bougie ainsi obtenue est ensuite roulée, polie, lustrée et blanchie au soleil.

En vieillissant, les huiles s'oxydent et deviennent *rances*. Celles de lin, de pavot et de noix, au contraire, sont *sicatives* et peuvent être utilisées pour la peinture.

On appelle *huiles fixes* celles qui sont extraites des graines ou des graisses; *huiles volatiles* ou *essences*, celles qui donnent leur arome et leurs parfums aux plantes, aux fleurs et aux fruits, au vin, aux liqueurs, aux objets de parfumerie. On les extrait des plantes aromatiques par compression, par imbibition; ou par distillation avec l'eau, dont la vapeur les entraîne ou les dissout. Pour s'emparer de celles qui sont fugaces, comme les essences de violette et de jasmin, on place les fleurs entre de l'ouate imbibée d'une huile pure, qui peu à peu s'imprègne de leur odeur. Comme elles sont très solubles dans l'alcool et dans l'éther, on peut les faire entrer dans la fabrication des eaux de toilette et de Cologne.

C'est la chaleur du soleil qui développe leurs principes dans les plantes, et la plupart nous viennent du Midi.

A l'air, elles s'oxydent et se transforment en résine par la dessiccation.

La *térébenthine* s'écoule du pin maritime; desséchée, elle produit la *colophane* dont on fait des mastics. Ses émanations sont vénéneuses. Le *camphre* est extrait du laurier-camphre. La *sandaraque* s'écoule du pin.

L'ambre jaune est une colophane fossile. La *gomme laque* résulte des piqûres de la cochenille sur le figuier des pagodes.

Le *caoutchouc* et la *gutta-percha* sont des produits semblables; celle-ci est plus résistante et moins élastique. On les rend plus dures en les plongeant dans le soufre. La plupart de ces substances sont isomères, c'est-à-dire qu'elles ont la même composition chimique, bien qu'elles aient des propriétés différentes. Ce sont des carbures d'hydrogène très inflammables.

Les **résines** sont la partie essentielle des *vernis*. Les vernis sont formés de résines dissoutes dans l'alcool, les essences ou les huiles grasses. Ceux à l'alcool sont employés dans l'ébénisterie, ceux à l'essence s'appliquent sur les peintures; les vernis gras sont employés de préférence sur les métaux.

On trouve aussi dans certaines plantes à propriétés énergiques des substances *alcaloïdes*, c'est-à-dire pouvant servir de bases comme les alcalis et former des sels. Les plus remarquables sont : la *quinine* du quinquina, l'*opium* et la *morphine* du pavot; la *strichnine* de la noix vomique, la *concinine* de la ciguë, et la *nicotine* du tabac, qui sont des poisons violents. La *caféine* fait exception.

Matières colorantes. — Ces matières se produisent sous l'action de la lumière, par le concours de l'oxygène, et c'est sous l'influence de la lumière qu'il les altère et les détruit.

Beaucoup ne se fixent sur les tissus qu'à l'aide des *mordants* qui sont d'ordinaire des oxydes métalliques. Ceux-ci, en se combinant avec la matière acide colorante, forment une laque dont la nuance varie selon l'oxyde employé. Peu résistent à l'acide sulfurique, aucune au chlore.

L'indigo se trouve dans les feuilles de l'indigotier. On met infuser et fermenter ces feuilles ; il se forme un dépôt bleu que l'on fait sécher, et qui est une couleur des plus solides. On l'emploie à la teinture des draps et surtout des toiles.

La racine de la *garance*, réduite en poudre, lavée

et soumise à la distillation, produit l'*alcool de garance*, qui, après de nombreuses manipulations, donne des teintes d'un beau rouge très solide. L'alizarine du goudron a remplacé celle de la garance, peu cultivée aujourd'hui.

La *cochenille* est un petit insecte qui vit sur le nopal ; étant séchée au soleil, elle produit la belle couleur rouge du *carmin*, et une précieuse couleur pour la laine et la soie.

On teint en jaune avec la *gaude*, le *safran* et le *quercitron* ou chêne des teinturiers ; en gris, en brun et en noir avec le *tannin* uni aux oxydes de fer.

On emploie en outre le bleu de cobalt, le vert et le jaune de chrôme, le sulfate de cuivre, le jaune de Naples (O. de plomb), divers oxydes métalliques et les sels de fer.

Couleurs extraites du goudron. — Le goudron contient des carbures d'hydrogène que l'on obtient par distillations successives, à diverses températures. Le plus connu est la *benzine,* qui enlève les taches de graisses en les dissolvant ; elle est très inflammable, et l'eau ne peut l'éteindre, car les deux liquides ne se mélangent pas. La nitrobenzine, qui donne le parfum d'amendes amères, sert à préparer l'*alinine*, de laquelle on tire, par diverses manipulations et l'action de l'oxygène, toute une série de couleurs : le rouge de la fuschine, le violet, le bleu, le vert, le jaune, le noir. Ces couleurs sont fort belles, mais elles résistent peu à l'action des savons et de la lumière, sauf le noir.

Le goudron est un mélange d'huiles, de résines et d'acides. On l'obtient en faisant chauffer fortement du bois de sapin ; il se produit dans la fabrication de l'acide pyroligneux, par la distillation du bois.

On le retire de la distillation de la houille, dans

la fabrication du gaz. C'est de ce goudron minéral qu'on extrait des couleurs si éclatantes, et divers autres produits, tels que le *phénol* ou acide phénique, qui est un désinfectant ; l'acide *picrique*, qui donne à la soie une belle couleur jaune et forme les *picrates*, matières explosibles employées dans les torpilles sous-marines ; la *paraffine*, qui sert à faire des allumettes, des bougies, etc. Le brai gras ou sec est le résidu de cette distillation.

Substances animales.

L'*albumine* existe dans le blanc d'œuf, dans le sang ; elle contient les quatre éléments des substances animales : carbone, hydrogène, oxygène et azote. Aussi les œufs sont-ils un aliment très nourrissant.

La *fibrine* forme en grande partie la substance du sang et des fibres ou chair musculaire : ce qu'on nomme le maigre de la viande. On la sépare en battant le sang avec des brins de bouleau. Le gluten contient de la fibrine.

La *caséine* ou *caséum* (fromage) est la substance du lait caillé, riche en azote et nourrissante, mais altérable à l'air. Sa composition se rapproche de celle de l'albumine, elle se trouve dans le sang et dans les céréales.

La *gélatine* est extraite des peaux et des os par ébullition. Elle forme une gelée contenant jusqu'à un cinquième d'azote. Celle qu'on obtient par la cuisson est agréable et nourrissante. Elle est presque pure dans la colle de poisson. La gélatine grossière et concentrée donne la colle forte des menuisiers, des peintres, etc.

L'albumine et la fibrine sont les deux substances les plus importantes du règne animal ; elles constituent principalement le sang et la chair. La caséine entre dans leur production, puisque la chair du jeune animal se forme du lait qui le nourrit, de même que celle de l'oiseau vient de l'œuf. La nature, dans l'acte de la vie transforme, selon ses besoins, ces substances formées de quelques éléments chimiques. On donne le nom de *principes immédiats* à ces substances toutes formées dans les êtres vivants et dans les végétaux, comme les fécules, le sucre, le gluten, les résines, etc.

La **nutrition** dans les animaux résulte : 1° de la digestion ; 2° de la respiration ; 3° de la circulation du sang, trois fonctions simultanées.

La *digestion* s'opère selon une suite de fonctions par lesquelles les aliments sont dissous et transformés, pour devenir assimilables. Broyés par les dents et humectés par la salive, ils sont déjà en partie transformés en glucose par la ptyaline, quand ils descendent dans l'estomac, où le suc gastrique dissout les matières azotées, notamment la fibrine et l'albumine. Dans l'estomac, la matière alimentaire constitue le *chyme*, dont les vomissements par suite d'indigestion donnent une idée. Là, sous l'action de la *pepsine* du suc gastrique, s'opère une première digestion : les substances azotées, les matières sucrées et les boissons fournissent déjà des parties assimilables qui passent dans le sang par des veines partant des alentours de l'estomac.

La seconde digestion se fait dans les intestins, sous l'action de la bile et du suc pancréatique venant du foie et du pancréas. Les fécules ou matières amylacées et les graisses rendues assimilables constituent le *chyle*, que puisent les ramifications des vaisseaux chylifères pour le porter dans le canal thoracique, comme les racines apportent dans la tige de la plante ce qu'elles ont puisé dans le sol. D'une part, le canal thoracique, de l'autre la veine-porte, passant par le foie, portent les aliments dans la circulation. La veine-porte reçoit le sang de l'estomac, du pancréas

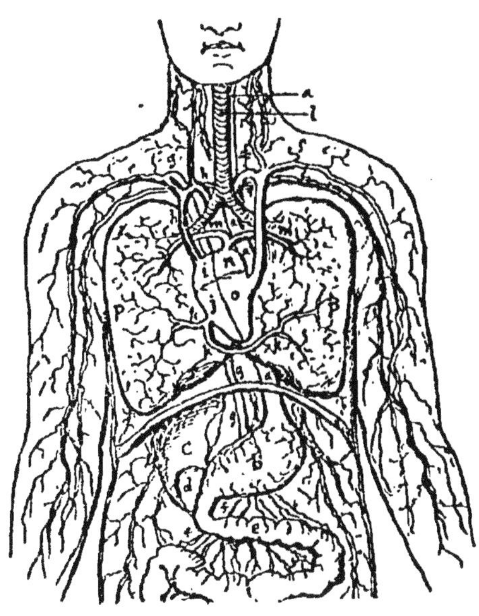

a, l'*œsophage* (derrière la trachée) va de la bouche à
b, l'*estomac,* dont l'entrée est le *cardia* et la sortie le *pylore.*
c, le *foie* qui produit la bile. — *d,* le *pancréas.*
e. l'*intestin* où se termine la digestion.
f. les *vaisseaux chylifères,* conduisant le chyle dans
g, le *canal thoracique,* qui aboutit à la *veine-porte.*
h, la *veine-cave,* grosse veine, rapporte le sang au cœur.
i, l'*oreillette droite du cœur.* — *j,* le *ventricule droit.*
k, l'*artère pulmonaire,* conduisant le sang aux poumons.
l, la *trachée-artère,* où passe l'air allant aux poumons *p.*
m, la *veine pulmonaire,* ramenant le sang au cœur.
n, l'*oreillette gauche du cœur.* — *o,* le *ventricule gauche.*
r, l'*artère-aorte,* portant dans le corps le sang renouvelé.

et des intestins et le porte dans le foie ; elle a de 10 à 12 centimètres et aboutit à la veine-cave.

Le sang, rapporté du corps par les veines, et la substance alimentaire qui s'y mêle, passent par le cœur pour se rendre aux poumons. La veine-cave les verse dans l'oreillette droite du cœur, d'où ils passent dans la ventricule pour être lancés, par les contractions, les pulsations du cœur, dans l'artère pulmonaire qui se ramifie à l'intérieur des poumons. Là, se trouvent une infinité de cavités comme dans une éponge. L'air qui arrive par les bronches, et le sang par de petits vaisseaux, ne sont séparés que par de minces cloisons à travers lesquelles s'opère le double phénomène d'*endosmose* et d'*exosmose*, que l'on peut remarquer dans un bocal de cerises à l'eau-de-vie, où l'alcool et le jus du fruit prennent la place l'un de l'autre. A travers les minces cloisons des poumons, l'air pénètre dans le sang, et les impuretés de celui-ci passent dans l'air pour être exhalées. Le sang oxygéné redevient rouge de noir qu'il était, et retourne au cœur par la veine pulmonaire, qui le verse dans l'oreillette gauche. De là, il passe dans le ventricule gauche pour être lancé dans l'aorte et les artères, qui se ramifient jusqu'aux extrémités des membres, par les vaisseaux capillaires. Puis il revient par les veines, ayant accompli son circuit en moins d'une demi-minute.

La nature prévoyante a placé les artères à l'intérieur, les veines plus à l'extérieur. Le sang, vu au microscope, est formé d'un liquide jaunâtre, le sérum, et de myriades de globules rouges qui nagent dans ce liquide.

Chimiquement, il est formé d'albumine et de fibrine, qui sont la substance même de la chair. Il porte dans tout le corps, l'oxygène qu'il tient en dissolution pour brûler et renouveler tout, produire la chaleur et l'activité vitale, par ses combinaisons.

L'absorption des matières assimilables, ainsi que l'exhalation de celles qui sont devenues inutiles, ne se fait pas seulement dans les poumons et à l'inté—

rieur du corps, mais aussi à l'extérieur par les pores. L'oxygène est absorbé aussi par la peau, et la transpiration débarrasse le sang des humeurs impropres à la vie.

Il se fait ainsi dans le corps une combustion lente : l'oxygène, combiné avec le carbone et avec l'hydrogène, forme de l'acide carbonique et de la vapeur d'eau, exhalés dans l'acte de la respiration. La chaleur animale résultant de ces combinaisons varie entre 37 à 38 degrés, et reste la même en toute saison, sous toutes les latitudes, par suite des fonctions de la peau, qui se resserre en hiver, ou qui se dilate et s'humecte d'une transpiration rafraîchissante durant l'été.

On voit par ces notions sommaires comment les végétaux se forment des corps simples : carbone, hydrogène, oxygène et azote; qu'ils associent chimiquement pour produire l'albumine, la fibrine et la caséine, que les animaux s'assimilent en se nourrissant des plantes. La plante fabrique, élabore ainsi les substances nécessaires à l'entretien de la vie; et l'animal les consomme, les détruit et les restitue à l'atmosphère et au sol, où la plante les reprend ensuite pour une nouvelle évolution. Les microbes sont les agents de cette transformation. La nature vivante est donc formée des mêmes éléments que la nature brute; mais elle a en plus cette force mystérieuse, la vie, qui organise ses éléments.

Le corps humain subit les lois de la vie animale et se renouvelle sans cesse. Chaque jour, il puise dans l'air et la nourriture des éléments, des matériaux qui sont usés, détruits par les fonctions de la vie et remplacés par d'autres : à tel âge, il ne se trouve plus dans le corps aucune des matières qui le constituaient à tel autre âge. La forme personnelle seule reste;

encore vieillit-elle, car, malgré ce renouvèllement incessant, l'homme commence à vieillir et à mourir dès le premier instant de son existence. Un jour, le corps, séparé de l'âme, rend à l'air et à la terre les gaz et les quelques minéraux qu'il contenait encore. Ainsi finissent les plantes et les animaux.

Mais le corps humain, uni à l'âme immortelle par une union mystérieuse, participe de sa dignité, et l'immortalité, perdue par le péché, lui sera rendue pour la glorification ou l'expiation, selon qu'il aura concouru avec l'âme aux œuvres bonnes ou mauvaises. Ce sera la résurrection de la chair, telle qu'elle est apparue dans le corps glorieux de Notre-Seigneur, indépendante des conditions de la vie actuelle, et nouveau don de la puissance et de la miséricorde infinies de Dieu.

On doit donc un grand respect au corps humain, puisqu'il est appelé à d'aussi glorieuses destinées ; et s'il est utile d'étudier sa composition chimique, ce n'est point pour établir à plaisir des rapprochements irrévérencieux entre ce corps et celui des bêtes, mais plutôt pour en marquer les différences essentielles, montrer la perfection de son organisme et de sa dignité. Le corps est dès ici-bas l'habitation de l'âme, faite à l'image de Dieu ; et il est, chez les âmes fidèles, le temple du Saint-Esprit.

FIN

TABLE DES MATIÈRES

Lille. Typ. A. Taffin-Lefort, 96.

9 782329 172262